大质量
中子星研究

赵先锋 / 著

四川大学出版社

责任编辑:唐　飞
责任校对:胡晓燕
封面设计:墨创文化
责任印制:王　炜

图书在版编目(CIP)数据

大质量中子星研究 / 赵先锋著. —成都：四川大学出版社，2017.7
ISBN 978-7-5690-1032-9

Ⅰ.①大…　Ⅱ.①赵…　Ⅲ.①中子星－研究
Ⅳ.①P145.6

中国版本图书馆 CIP 数据核字（2017）第 192571 号

书名	大质量中子星研究
著　者	赵先锋
出　版	四川大学出版社
地　址	成都市一环路南一段 24 号（610065）
发　行	四川大学出版社
书　号	ISBN 978-7-5690-1032-9
印　刷	郫县犀浦印刷厂
成品尺寸	148 mm×210 mm
印　张	7
字　数	213 千字
版　次	2017 年 11 月第 1 版
印　次	2017 年 11 月第 1 次印刷
定　价	26.00 元

◆读者邮购本书，请与本社发行科联系．
电话:(028)85408408/(028)85401670/
(028)85408023　邮政编码:610065

◆本社图书如有印装质量问题，请
寄回出版社调换．

◆网址:http://www.scupress.net

━━━━━━━━━━━━━━━━━━━━
版权所有◆侵权必究

前 言

大质量中子星与较小质量中子星之间的质量有很大不同,在利用相对论平均场理论计算研究中子星物质时,核子和超子耦合参数将影响中子星的质量和半径。同时,中子星质量也将对其性质提供约束,进而又对耦合参数进行限制。因此,每一最新发现中子星的质量都将对其半径及其他性质提供新的限制。

近几年来,人们陆续发现了几颗大质量中子星。2010年人们观测发现了大质量中子星 PSR J1614-2230,三年后,又发现了另一颗质量更大的中子星 PSR J0348+0432。大质量中子星与较小质量中子星之间的质量有很大不同,中子星的质量和半径通过 TOV 方程而互相联系。在利用相对论平均场理论计算研究中子星物质时,核子和超子耦合常数都将影响中子星的质量和半径。如果已知中子星的质量,它将对中子星的性质提供约束,而这又将对耦合常数进行限制。因此,每一最新发现中子星的质量都将对半径和其他性质提供新的限制。

本书利用相对论平均场理论研究了大质量中子星的相对重子数密度、转动惯量、表面引力红移、超子星转变密度以及大质量前身中子星的性质等。

本书共分8章:第1章介绍了 TOV 方程,第2章研究了大质量中子星内部的相对重子数密度,第3章研究了大质量超子星的转变密度,第4章研究了大质量中子星的转动惯量,第5章研究了大质量中子星 PSR J1614-2230 的引力红移,第6章研究了大质量中子星 PSR J0348+0432 的引力红移,第7章研究了纯核子大质量中子星的性质,第8章以前身中子星 PSR J0348+0432 为例给出了计算前身中子星质量的四种方法及并利用这四种方法研究了大质量前身中子星的性质。

作者撰写本书期间的工作得到了国家自然科学基金项目(项目编

号 11447003）和安徽省高校省级自然科学研究（重点）项目（KJ2014A182）的支持。

  本书可供核天体物理学工作者和核天体物理专业的老师及研究生使用，也可供原子核、基本粒子、天文学等相关领域的工作者使用。

  由于作者水平有限，书中难免存在不妥之处，恳敬请广大读者批评指正。

赵先锋

2017 年 3 月于西南石油大学成都校区

目 录

1 TOV 方程 ·· 1
  1.1 球对称系统的线元 ·································· 1
  1.2 爱因斯坦引力场方程 ································ 2
  1.3 黎曼空间的仿射联络 ································ 3
  1.4 里奇张量 ·· 13
  1.5 标量曲率和能量动量张量 ···························· 16
  1.6 TOV 方程 ·· 17
  参考文献 ·· 21

2 大质量中子星内部的相对重子数密度 ······················ 22
  2.1 中子星 PSR J1614-2230 的观测质量对中子星性质的限制
       ·· 22
  2.2 大质量中子星 PSR J0348+0432 的性质 ················ 37
  参考文献 ·· 44

3 大质量超子星的转变密度 ································ 48
  3.1 大质量中子星 PSR J1614-2230 的转变密度研究 ········ 48
  3.2 大质量中子星 PSR J0348+0432 的转变密度研究 ········ 55
  参考文献 ·· 67

4 大质量中子星的转动惯量 ································ 72
  4.1 大质量中子星 PSR J0348+0432 的转动惯量研究 ········ 72

— 1 —

4.2 介子 $f_0(975)$ 和 $\varphi(1020)$ 对大质量中子星 PSR J0348+0432 转动惯量的影响 …………………………………………… 80
参考文献 ……………………………………………………………… 91

5 大质量中子星 PSR J1614-2230 的引力红移研究 …………………… 96
5.1 引言 ……………………………………………………………… 96
5.2 计算理论和参数选取 …………………………………………… 97
5.3 参数 x_σ 和 x_ω 对中子星引力红移的影响 …………………… 98
5.4 大质量中子星 PSR J1614-2230 的引力红移 ………………… 99
5.5 结论 ……………………………………………………………… 102
参考文献 ……………………………………………………………… 102

6 大质量中子星 PSR J0348+0432 的引力红移研究 ………………… 104
6.1 不考虑质量观测误差的中子星 PSR J0348+0432 的引力红移 …………………………………………………………… 104
6.2 考虑质量观测误差的中子星 PSR J0348+0432 的引力红移 …………………………………………………………… 111
6.3 介子 $f_0(975)$ 和 $\varphi(1020)$ 对中子星 PSR J0348+0432 引力红移的影响(1) ……………………………………………… 118
6.4 介子 $f_0(975)$ 和 $\varphi(1020)$ 对中子星 PSR J0348+0432 引力红移的影响(2) ……………………………………………… 125
参考文献 ……………………………………………………………… 130

7 纯核子大质量中子星性质研究 ……………………………………… 134
7.1 引言 ……………………………………………………………… 134
7.2 相对论平均场理论和计算参数 ………………………………… 135
7.3 中子星的质量 …………………………………………………… 137
7.4 介子 σ、ω 和 ρ 的势场强度及中子和电子的化学势 …… 139
7.5 中子星内部中子、质子和电子的相对粒子数密度 …………… 144
7.6 中心能量密度和中心压强 ……………………………………… 146

7.7 中子星的表面引力红移 ·· 148
7.8 饱和核物质的性质对大质量中子星的影响 ················· 151
7.9 结论 ··· 159
参考文献 ·· 160

8 大质量前身中子星研究 ·· 162
8.1 计算前身中子星质量的第一种方法 ··························· 162
8.2 计算前身中子星质量的第二种方法 ··························· 172
8.3 计算前身中子星质量的第三种方法 ··························· 178
8.4 计算前身中子星质量的第四种方法 ··························· 185
8.5 计算前身中子星质量（第四种方法）——温度对前身中子星
PSR J0348+0432 引力红移的影响 ···························· 199
8.6 四种计算前身中子星质量方法的比较 ······················ 203
参考文献 ·· 212

1
TOV 方程

本章从爱因斯坦广义相对论引力方程出发,推导出计算球形对称密实星质量和半径的 Tolman-Oppenheimer-Volkoff(TOV)方程。

1.1 球对称系统的线元

一般地,球对称系统的线元可写为

$$ds^2 = g_{ik}dx^i dx^k \tag{1-1}$$

取时间和空间坐标分别为

$$\begin{cases} x^0 = t \\ x^1 = r \\ x^2 = \theta \\ x^3 = \varphi \end{cases} \tag{1-2}$$

因为在静态的、各向同性的区域中,g_{ik} 独立于时间,则线元(空间线元见图 1-1)可写为

$$\begin{aligned} ds^2 &= g_{ik}dx^i dx^k \\ &= g_{00}d^2 x^0 + g_{11}d^2 x^1 + g_{22}d^2 x^2 + g_{33}d^2 x^3 \\ &= g_{00}d^2 t + g_{11}d^2 r + g_{22}d^2 \theta + g_{33}d^2 \varphi \end{aligned} \tag{1-3}$$

其中,g_{ii} 可以选不打破球对称性的 r 的函数表示,即

$$\begin{cases} g_{00} = e^{2\nu(r)} \\ g_{11} = -e^{2\lambda(r)} \\ g_{22} = -r^2 \\ g_{33} = -r^2\sin^2\theta \end{cases} \quad (1-4)$$

且有

$$g_{ik} = 0 \, (i \neq k) \quad (1-5)$$

则球对称系统的线元可写为

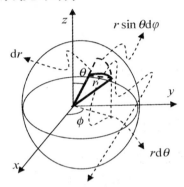

$$ds^2 = dr^2 + r^2 d\theta^2 + r^2\sin^2\theta d\varphi^2$$

图 1-1 空间线元

$$ds^2 = \begin{pmatrix} e^{2\nu(r)} & 0 & 0 & 0 \\ 0 & -e^{2\lambda(r)} & 0 & 0 \\ 0 & 0 & -r^2 & 0 \\ 0 & 0 & 0 & -r^2\sin^2\theta \end{pmatrix} \begin{pmatrix} dt^2 \\ dr^2 \\ d\theta^2 \\ d\varphi^2 \end{pmatrix}$$

$$= e^{2\nu(r)} dt^2 - e^{2\lambda(r)} dr^2 - r^2 d\theta^2 - r^2\sin^2\theta d\varphi^2 \quad (1-6)$$

1.2 爱因斯坦引力场方程

爱因斯坦引力场方程可写为

$$R_{\mu\nu} - \frac{1}{2} R g_{\mu\nu} = -\frac{8\pi G}{c^4} T_{\mu\nu} \quad (1-7)$$

其中,$R_{\mu\nu}$ 称为里奇张量,R 为标量曲率,$T_{\mu\nu}$ 为能量—动量张量。

1.3 黎曼空间的仿射联络

在下列叙述中,要用到如下关系

$$g_{\mu\nu} = \frac{1}{g^{\mu\nu}} \tag{1-8}$$

或者

$$g_{\mu\nu}g^{\mu\nu} = 1 \tag{1-9}$$

里奇张量 $R_{\alpha\nu}$ 为

$$R_{\alpha\nu} = \Gamma^{\beta}_{\alpha\beta,\nu} - \Gamma^{\beta}_{\alpha\nu,\beta} - \Gamma^{\beta}_{\alpha\nu}\Gamma^{\delta}_{\beta\delta} + \Gamma^{\beta}_{\alpha\delta}\Gamma^{\delta}_{\nu\beta} \tag{1-10}$$

黎曼空间的仿射联络为

$$\Gamma^{\lambda}_{\mu\nu} = \frac{1}{2}g^{\lambda k}(g_{k\nu,\mu} + g_{k\mu,\nu} - g_{\mu\nu,k}) \tag{1-11}$$

在局域坐标系中

$$\Gamma^{\lambda}_{\mu\nu} = \Gamma^{\lambda}_{\nu\mu} \tag{1-12}$$

下面计算各个仿射联络的值。

由于 μ,ν,λ 的取值分别为 0,1,2,3,共有 $C_4^1 C_4^1 C_4^1 = 64$ 种组合。各种组合及相应的 $\Gamma^{\lambda}_{\mu\nu}$ 值见表 1-1。

表 1-1 角标 μ,ν,λ 的组合及 $\Gamma^{\lambda}_{\mu\nu}$ 的值

μ	ν	λ	$\Gamma^{\lambda}_{\mu\nu}$	μ	ν	λ	$\Gamma^{\lambda}_{\mu\nu}$	μ	ν	λ	$\Gamma^{\lambda}_{\mu\nu}$	μ	ν	λ	$\Gamma^{\lambda}_{\mu\nu}$
0	0	0	0	1	0	0	ν'	2	0	0	0	3	0	0	0
0	0	1	$\nu' e^{2(\nu-\lambda)}$	1	0	1	0	2	0	1	0	3	0	1	0
0	0	2	0	1	0	2	0	2	0	2	0	3	0	2	0
0	0	3	0	1	0	3	0	2	0	3	0	3	0	3	0
0	1	0	ν'	1	1	0	0	2	1	0	0	3	1	0	0
0	1	1	0	1	1	1	λ'	2	1	1	0	3	1	1	0
0	1	2	0	1	1	2	0	2	1	2	$1/r$	3	1	2	0
0	1	3	0	1	1	3	0	2	1	3	0	3	1	3	$1/r$
0	2	0	0	1	2	0	0	2	2	0	0	3	2	0	0

续表 1-1

μ	ν	λ	$\Gamma^{\lambda}_{\mu\nu}$	μ	ν	λ	$\Gamma^{\lambda}_{\mu\nu}$	μ	ν	λ	$\Gamma^{\lambda}_{\mu\nu}$	μ	ν	λ	$\Gamma^{\lambda}_{\mu\nu}$
0	2	1	0	1	2	1	0	2	2	1	$-re^{-2\lambda}$	3	2	1	0
0	2	2	0	1	2	2	$1/r$	2	2	2	0	3	2	2	0
0	2	3	0	1	2	3	0	2	2	3	0	3	2	3	$\cot\theta$
0	3	0	0	1	3	0	0	2	3	0	0	3	3	0	0
0	3	1	0	1	3	1	0	2	3	1	0	3	3	1	$-re^{-2\lambda}\sin^2\theta$
0	3	2	0	1	3	2	0	2	3	2	0	3	3	2	$-\sin\theta\cos\theta$
0	3	3	0	1	3	3	$1/r$	2	3	3	$\cot\theta$	3	3	3	0

(1) 当 $\mu = 0$, $\nu = 0$, $\lambda = 0$ 时。

$$\Gamma^0_{00} = \frac{1}{2}g^{0k}(g_{k0,0} + g_{k0,0} - g_{00,k})$$

$$= \frac{1}{2}g^{00}(2g_{00,0} - g_{00,0}) \quad (\because k \neq 0, g^{0k} = 0)$$

$$= \frac{1}{2}(g_{00})^{-1}\frac{\mathrm{d}g_{00}}{\mathrm{d}x_0} \quad [g_{00} = \mathrm{e}^{2\nu(r)}, x_0 = t]$$

$$= \frac{1}{2}(\mathrm{e}^{-2\nu}) \cdot 0$$

$$= 0 \qquad (1-13)$$

(2) 当 $\mu = 0$, $\nu = 0$, $\lambda = 1$ 时。

$$\Gamma^1_{00} = \frac{1}{2}g^{1k}(g_{k0,0} + g_{k0,0} - g_{00,k})$$

$$= \frac{1}{2}g^{11}(2g_{10,0} - g_{00,1}) \quad (\because k \neq 1, g^{1k} = 0)$$

$$= \frac{1}{2}g^{11}\left(2\frac{\mathrm{d}g_{10}}{\mathrm{d}x_0} - \frac{\mathrm{d}g_{00}}{\mathrm{d}x_1}\right)$$

$$= \frac{1}{2}(g_{11})^{-1}\left[2\frac{\mathrm{d}0}{\mathrm{d}t} - \frac{\mathrm{d}\mathrm{e}^{2\nu(r)}}{\mathrm{d}r}\right][g_{10} = 0, g_{00} = \mathrm{e}^{2\nu(r)}, x_0 = t, x_1 = r]$$

$$= \frac{1}{2}(-\mathrm{e}^{-2\lambda})(-2\nu'\mathrm{e}^{2\nu})\quad[g_{11} = -\mathrm{e}^{2\lambda(r)}]$$

$$= \nu'\mathrm{e}^{2(\nu-\lambda)} \qquad (1-14)$$

(3)当 $\mu = 0$, $\nu = 0$, $\lambda = 2$ 时。

$$\Gamma_{00}^{2} = \frac{1}{2}g^{2k}(g_{k0,0} + g_{k0,0} - g_{00,k})$$

$$= \frac{1}{2}g^{22}(2g_{20,0} - g_{00,2}) \quad (\because k \neq 2, g^{2k} = 0)$$

$$= 0 \tag{1-15}$$

(4)当 $\mu = 0$, $\nu = 0$, $\lambda = 3$ 时。

$$\Gamma_{00}^{3} = \frac{1}{2}g^{3k}(g_{k0,0} + g_{k0,0} - g_{00,k})$$

$$= \frac{1}{2}g^{33}(2g_{30,0} - g_{00,3}) \quad (\because k \neq 3, g^{3k} = 0)$$

$$= 0 \tag{1-16}$$

(5-6)当 $\mu = 0$, $\nu = 1$, $\lambda = 0$ 时。

$$\Gamma_{01}^{0} = \frac{1}{2}g^{0k}(g_{k1,0} + g_{k0,1} - g_{01,k})$$

$$= \frac{1}{2}g^{00}(g_{01,0} + g_{00,1} - g_{01,0}) \quad (\because k \neq 0, g^{0k} = 0)$$

$$= \frac{1}{2}(g_{00})^{-1}\frac{\mathrm{d}e^{2\nu}}{\mathrm{d}r}$$

$$= \frac{1}{2}e^{-2\nu}2\nu'e^{2\nu}$$

$$= \nu' = \Gamma_{10}^{0} \tag{1-17}$$

(7-8)当 $\mu = 0$, $\nu = 1$, $\lambda = 1$ 时。

$$\Gamma_{01}^{1} = \frac{1}{2}g^{1k}(g_{k1,0} + g_{k0,1} - g_{01,k})$$

$$= \frac{1}{2}g^{11}(g_{11,0} + g_{10,1} - g_{01,1}) \quad (\because k \neq 1, g^{1k} = 0)$$

$$= 0 = \Gamma_{10}^{1} \tag{1-18}$$

(9-10)当 $\mu = 0$, $\nu = 1$, $\lambda = 2$ 时。

$$\Gamma_{01}^{2} = \frac{1}{2}g^{2k}(g_{k1,0} + g_{k0,1} - g_{01,k})$$

$$= \frac{1}{2}g^{22}(g_{21,0} + g_{20,1} - g_{01,2}) \quad (\because k \neq 2, g^{2k} = 0)$$

$$= 0 = \Gamma_{10}^2 \qquad (1-19)$$

(11 - 12) 当 $\mu = 0$,$\nu = 1$,$\lambda = 3$ 时。

$$\Gamma_{01}^3 = \frac{1}{2}g^{3k}(g_{k1,0} + g_{k0,1} - g_{01,k})$$

$$= \frac{1}{2}g^{33}(g_{31,0} + g_{30,1} - g_{01,3}) \quad (\because k \neq 3, g^{3k} = 0)$$

$$= 0 = \Gamma_{10}^3 \qquad (1-20)$$

(13 - 14) 当 $\mu = 0$,$\nu = 2$,$\lambda = 0$ 时。

$$\Gamma_{02}^0 = \frac{1}{2}g^{0k}(g_{k2,0} + g_{k0,2} - g_{02,k})$$

$$= \frac{1}{2}g^{00}(g_{02,0} + g_{00,2} - g_{02,0}) \quad (\because k \neq 0, g^{0k} = 0)$$

$$= 0 = \Gamma_{20}^0 \qquad (1-21)$$

(15 - 16) 当 $\mu = 0$,$\nu = 2$,$\lambda = 1$ 时。

$$\Gamma_{02}^1 = \frac{1}{2}g^{1k}(g_{k2,0} + g_{k0,2} - g_{02,k})$$

$$= \frac{1}{2}g^{11}(g_{12,0} + g_{10,2} - g_{02,1}) \quad (\because k \neq 1, g^{1k} = 0)$$

$$= 0 = \Gamma_{20}^1 \qquad (1-22)$$

(17 - 18) 当 $\mu = 0$,$\nu = 2$,$\lambda = 2$ 时。

$$\Gamma_{02}^2 = \frac{1}{2}g^{2k}(g_{k2,0} + g_{k0,2} - g_{02,k})$$

$$= \frac{1}{2}g^{22}(g_{22,0} + g_{20,2} - g_{02,2}) \quad (\because k \neq 2, g^{2k} = 0)$$

$$= 0 = \Gamma_{20}^2 \qquad (1-23)$$

(19 - 20) 当 $\mu = 0$,$\nu = 2$,$\lambda = 3$ 时。

$$\Gamma_{02}^3 = \frac{1}{2}g^{3k}(g_{k2,0} + g_{k0,2} - g_{02,k})$$

$$= \frac{1}{2}g^{33}(g_{32,0} + g_{30,2} - g_{02,3}) \quad (\because k \neq 3, g^{3k} = 0)$$

$$= 0 = \Gamma_{20}^3 \qquad (1-24)$$

(21 - 22) 当 $\mu = 0$,$\nu = 3$,$\lambda = 0$ 时。

$$\Gamma^0_{03} = \frac{1}{2}g^{0k}(g_{k3,0} + g_{k0,3} - g_{03,k})$$

$$= \frac{1}{2}g^{00}(g_{03,0} + g_{00,3} - g_{03,0}) \quad (\because k \neq 0, g^{0k} = 0)$$

$$= 0 = \Gamma^0_{30} \qquad (1-25)$$

$(23-24)$ 当 $\mu = 0$, $\nu = 3$, $\lambda = 1$ 时。

$$\Gamma^1_{03} = \frac{1}{2}g^{1k}(g_{k3,0} + g_{k0,3} - g_{03,k})$$

$$= \frac{1}{2}g^{11}(g_{13,0} + g_{10,3} - g_{03,1}) \quad (\because k \neq 1, g^{1k} = 0)$$

$$= 0 = \Gamma^1_{30} \qquad (1-26)$$

$(25-26)$ 当 $\mu = 0$, $\nu = 3$, $\lambda = 2$ 时。

$$\Gamma^2_{03} = \frac{1}{2}g^{2k}(g_{k3,0} + g_{k0,3} - g_{03,k})$$

$$= \frac{1}{2}g^{22}(g_{23,0} + g_{20,3} - g_{03,2}) \quad (\because k \neq 2, g^{2k} = 0)$$

$$= 0 = \Gamma^2_{30} \qquad (1-27)$$

$(27-28)$ 当 $\mu = 0$, $\nu = 3$, $\lambda = 3$ 时。

$$\Gamma^3_{03} = \frac{1}{2}g^{3k}(g_{k3,0} + g_{k0,3} - g_{03,k})$$

$$= \frac{1}{2}g^{33}(g_{33,0} + g_{30,3} - g_{03,3}) \quad (\because k \neq 3, g^{3k} = 0)$$

$$= 0 = \Gamma^3_{30} \qquad (1-28)$$

(29) 当 $\mu = 1$, $\nu = 1$, $\lambda = 0$ 时。

$$\Gamma^0_{11} = \frac{1}{2}g^{0k}(g_{k1,1} + g_{k1,1} - g_{11,k})$$

$$= \frac{1}{2}g^{00}(g_{01,1} + g_{01,1} - g_{11,0}) \quad (\because k \neq 0, g^{0k} = 0)$$

$$= 0 \qquad (1-29)$$

(30) 当 $\mu = 1$, $\nu = 1$, $\lambda = 1$ 时。

$$\Gamma^1_{11} = \frac{1}{2}g^{1k}(g_{k1,1} + g_{k1,1} - g_{11,k})$$

$$= \frac{1}{2}g^{11}(g_{11,1} + g_{11,1} - g_{11,1})$$

$$= \frac{1}{2}(g_{11})^{-1}g_{11,1}$$

$$= \frac{1}{2}(-e^{-2\lambda})(-\frac{de^{2\lambda}}{dr})$$

$$= \frac{1}{2}(-e^{-2\lambda})(-2\lambda'e^{2\lambda})$$

$$= \lambda' \qquad (1-30)$$

(31) 当 $\mu = 1$, $\nu = 1$, $\lambda = 2$ 时。

$$\Gamma_{11}^2 = \frac{1}{2}g^{2k}(g_{k1,1} + g_{k1,1} - g_{11,k})$$

$$= \frac{1}{2}g^{22}(g_{21,1} + g_{21,1} - g_{11,2})$$

$$= 0 \qquad (1-31)$$

(32) 当 $\mu = 1$, $\nu = 1$, $\lambda = 3$ 时。

$$\Gamma_{11}^3 = \frac{1}{2}g^{3k}(g_{k1,1} + g_{k1,1} - g_{11,k})$$

$$= \frac{1}{2}g^{33}(g_{31,1} + g_{31,1} - g_{11,3})$$

$$= 0 \qquad (1-32)$$

(33-34) 当 $\mu = 1$, $\nu = 2$, $\lambda = 0$ 时。

$$\Gamma_{12}^0 = \frac{1}{2}g^{0k}(g_{k2,1} + g_{k1,2} - g_{12,k})$$

$$= \frac{1}{2}g^{00}(g_{02,1} + g_{01,2} - g_{12,0})$$

$$= 0 = \Gamma_{21}^0 \qquad (1-33)$$

(35-36) 当 $\mu = 1$, $\nu = 2$, $\lambda = 1$ 时。

$$\Gamma_{12}^1 = \frac{1}{2}g^{1k}(g_{k2,1} + g_{k1,2} - g_{12,k})$$

$$= \frac{1}{2}g^{11}(g_{12,1} + g_{11,2} - g_{12,1})$$

$$= 0 = \Gamma_{21}^1 \qquad (1-34)$$

(37 - 38) 当 $\mu = 1$，$\nu = 2$，$\lambda = 2$ 时。

$$\Gamma_{12}^{2} = \frac{1}{2}g^{2k}(g_{k2,1} + g_{k1,2} - g_{12,k})$$

$$= \frac{1}{2}g^{22}(g_{22,1} + g_{21,2} - g_{12,2})$$

$$= \frac{1}{2}(g_{22})^{-1}\frac{\mathrm{d}g_{22}}{\mathrm{d}x_1}$$

$$= \frac{1}{2}(-r^2)^{-1}\frac{\mathrm{d}(-r^2)}{\mathrm{d}r}$$

$$= \frac{1}{r} = \Gamma_{21}^{2} \tag{1-35}$$

(39 - 40) 当 $\mu = 1$，$\nu = 2$，$\lambda = 3$ 时。

$$\Gamma_{12}^{3} = \frac{1}{2}g^{3k}(g_{k2,1} + g_{k1,2} - g_{12,k})$$

$$= \frac{1}{2}g^{33}(g_{32,1} + g_{31,2} - g_{12,3})$$

$$= 0 = \Gamma_{21}^{3} \tag{1-36}$$

(41 - 42) 当 $\mu = 1$，$\nu = 3$，$\lambda = 0$ 时。

$$\Gamma_{13}^{0} = \frac{1}{2}g^{0k}(g_{k3,1} + g_{k1,3} - g_{13,k})$$

$$= \frac{1}{2}g^{00}(g_{03,1} + g_{01,3} - g_{13,0})$$

$$= 0 = \Gamma_{31}^{0} \tag{1-37}$$

(43 - 44) 当 $\mu = 1$，$\nu = 3$，$\lambda = 1$ 时。

$$\Gamma_{13}^{1} = \frac{1}{2}g^{1k}(g_{k3,1} + g_{k1,3} - g_{13,k})$$

$$= \frac{1}{2}g^{11}(g_{13,1} + g_{11,3} - g_{13,1})$$

$$= 0 = \Gamma_{31}^{1} \tag{1-38}$$

(45 - 46) 当 $\mu = 1$，$\nu = 3$，$\lambda = 2$ 时。

$$\Gamma_{13}^{2} = \frac{1}{2}g^{2k}(g_{k3,1} + g_{k1,3} - g_{13,k})$$

$$= \frac{1}{2} g^{22} (g_{23,1} + g_{21,3} - g_{13,2})$$

$$= 0 = \Gamma_{31}^{2} \qquad (1-39)$$

(47-48) 当 $\mu = 1$, $\nu = 3$, $\lambda = 3$ 时。

$$\Gamma_{13}^{3} = \frac{1}{2} g^{3k} (g_{k3,1} + g_{k1,3} - g_{13,k})$$

$$= \frac{1}{2} g^{33} (g_{33,1} + g_{31,3} - g_{13,3})$$

$$= \frac{1}{2} (g_{33})^{-1} \frac{dg_{33}}{dx_{1}}$$

$$= \frac{1}{2} (-r^{2} \sin^{2}\theta)^{-1} \frac{d(-r^{2} \sin^{2}\theta)}{dr}$$

$$= \frac{1}{r} = \Gamma_{31}^{3} \qquad (1-40)$$

(49) 当 $\mu = 2$, $\nu = 2$, $\lambda = 0$ 时。

$$\Gamma_{22}^{0} = \frac{1}{2} g^{0k} (g_{k2,2} + g_{k2,2} - g_{22,k})$$

$$= \frac{1}{2} g^{00} (g_{02,2} + g_{02,2} - g_{22,0})$$

$$= 0 \qquad (1-41)$$

(50) 当 $\mu = 2$, $\nu = 2$, $\lambda = 1$ 时。

$$\Gamma_{22}^{1} = \frac{1}{2} g^{1k} (g_{k2,2} + g_{k2,2} - g_{22,k})$$

$$= \frac{1}{2} g^{11} (g_{12,2} + g_{12,2} - g_{22,1})$$

$$= \frac{1}{2} (g_{11})^{-1} \frac{dg_{22}}{dx_{1}}$$

$$= -\frac{1}{2} (-e^{-2\lambda}) \frac{d(-r^{2})}{dr}$$

$$= -re^{-2\lambda} \qquad (1-42)$$

(51) 当 $\mu = 2$, $\nu = 2$, $\lambda = 2$ 时。

$$\Gamma_{22}^{2} = \frac{1}{2} g^{2k} (g_{k2,2} + g_{k2,2} - g_{22,k})$$

$$= \frac{1}{2}g^{22}(g_{22,2} + g_{22,2} - g_{22,2})$$

$$= 0 \tag{1-43}$$

(52) 当 $\mu = 2$, $\nu = 2$, $\lambda = 3$ 时。

$$\Gamma_{22}^{3} = \frac{1}{2}g^{3k}(g_{k2,2} + g_{k2,2} - g_{22,k})$$

$$= \frac{1}{2}g^{33}(g_{32,2} + g_{32,2} - g_{22,3})$$

$$= 0 \tag{1-44}$$

(53-54) 当 $\mu = 2$, $\nu = 3$, $\lambda = 0$ 时。

$$\Gamma_{23}^{0} = \frac{1}{2}g^{0k}(g_{k3,2} + g_{k2,3} - g_{23,k})$$

$$= \frac{1}{2}g^{00}(g_{03,2} + g_{02,3} - g_{23,0})$$

$$= 0 = \Gamma_{32}^{0} \tag{1-45}$$

(55-56) 当 $\mu = 2$, $\nu = 3$, $\lambda = 1$ 时。

$$\Gamma_{23}^{1} = \frac{1}{2}g^{1k}(g_{k3,2} + g_{k2,3} - g_{23,k})$$

$$= \frac{1}{2}g^{11}(g_{13,2} + g_{12,3} - g_{23,1})$$

$$= 0 = \Gamma_{32}^{1} \tag{1-46}$$

(57-58) 当 $\mu = 2$, $\nu = 3$, $\lambda = 2$ 时。

$$\Gamma_{23}^{2} = \frac{1}{2}g^{2k}(g_{k3,2} + g_{k2,3} - g_{23,k})$$

$$= \frac{1}{2}g^{22}(g_{23,2} + g_{22,3} - g_{23,2})$$

$$= 0 = \Gamma_{32}^{2} \tag{1-47}$$

(59-60) 当 $\mu = 2$, $\nu = 3$, $\lambda = 3$ 时。

$$\Gamma_{23}^{3} = \frac{1}{2}g^{3k}(g_{k3,2} + g_{k2,3} - g_{23,k})$$

$$= \frac{1}{2}g^{33}(g_{33,2} + g_{32,3} - g_{23,3})$$

$$= \frac{1}{2}(g_{33})^{-1}\frac{dg_{33}}{dx_2}$$

$$= \frac{1}{2}\frac{1}{-r^2\sin^2\theta}\frac{d(-r^2\sin^2\theta)}{d\theta}$$

$$= \text{ctg}\theta = \Gamma^3_{32} \tag{1-48}$$

(61) 当 $\mu = 3, \nu = 3, \lambda = 0$ 时。

$$\Gamma^0_{33} = \frac{1}{2}g^{0k}(g_{k3,3} + g_{k3,3} - g_{33,k})$$

$$= \frac{1}{2}g^{00}(g_{03,3} + g_{03,3} - g_{33,0})$$

$$= 0 \tag{1-49}$$

(62) 当 $\mu = 3, \nu = 3, \lambda = 1$ 时。

$$\Gamma^1_{33} = \frac{1}{2}g^{1k}(g_{k3,3} + g_{k3,3} - g_{33,k})$$

$$= \frac{1}{2}g^{11}(g_{13,3} + g_{13,3} - g_{33,1})$$

$$= \frac{1}{2}(g_{11})^{-1}(-\frac{dg_{33}}{dx_1})$$

$$= \frac{1}{2}(-e^{2\lambda})^{-1}\left[-\frac{d(-r^2\sin^2\theta)}{dr}\right]$$

$$= -\frac{1}{2}e^{-2\lambda}2r\sin^2\theta$$

$$= -re^{-2\lambda}\sin^2\theta \tag{1-50}$$

(63) 当 $\mu = 3, \nu = 3, \lambda = 2$ 时。

$$\Gamma^2_{33} = \frac{1}{2}g^{2k}(g_{k3,3} + g_{k3,3} - g_{33,k})$$

$$= \frac{1}{2}g^{22}(g_{23,3} + g_{23,3} - g_{33,2})$$

$$= \frac{1}{2}(g_{22})^{-1}(-\frac{dg_{33}}{dx_2})$$

$$= \frac{1}{2}(-r^2)^{-1}\left[-\frac{d(-r^2\sin^2\theta)}{d\theta}\right]$$

$$= -\frac{1}{2}\frac{1}{r^2}r^2 2\sin\theta\cos\theta$$

$$= -\sin\theta\cos\theta \tag{1-51}$$

(64) 当 $\mu = 3$, $\nu = 3$, $\lambda = 3$ 时。

$$\Gamma_{33}^3 = \frac{1}{2}g^{3k}(g_{k3,3} + g_{k3,3} - g_{33,k})$$

$$= \frac{1}{2}g^{33}(g_{33,3} + g_{33,3} - g_{33,3})$$

$$= 0 \tag{1-52}$$

综上,不为 0 的 $\Gamma_{\mu\nu}^\lambda$ 为

$$\begin{cases} \Gamma_{00}^1 = \nu' e^{2(\nu-\lambda)}, \Gamma_{01}^0 = \nu' \\ \Gamma_{10}^0 = \nu', \Gamma_{11}^1 = \lambda', \Gamma_{12}^2 = \Gamma_{13}^3 = \dfrac{1}{r} \\ \Gamma_{21}^2 = \dfrac{1}{r}, \Gamma_{22}^1 = -re^{-2\lambda}, \Gamma_{23}^3 = \cot\theta \\ \Gamma_{31}^3 = \dfrac{1}{r}, \Gamma_{32}^3 = \cot\theta, \Gamma_{33}^1 = -re^{-2\lambda}\sin^2\theta, \Gamma_{33}^2 = -\sin\theta\cos\theta \end{cases}$$

$$\tag{1-53}$$

其余的 $\Gamma_{\mu\nu}^\lambda$ 皆为零。

1.4 里奇张量

由表达式(1-10),里奇张量 $R_{\mu\nu}$ 也可表示为

$$R_{\mu\nu} = \frac{d\Gamma_{\mu\alpha}^\alpha}{dx_\nu} - \frac{d\Gamma_{\mu\nu}^\alpha}{dx_\alpha} - \Gamma_{\mu\nu}^\alpha\Gamma_{\alpha\beta}^\beta + \Gamma_{\mu\beta}^\alpha\Gamma_{\nu\alpha}^\beta \tag{1-54}$$

借此,结合表 1-1 或者式(1-53)可求得如下里奇张量 $R_{\mu\nu}$ 的数值。

(1) $\mu = 0, \nu = 0$。

$$R_{00} = \frac{d\Gamma_{0\alpha}^\alpha}{dx_0} - \frac{d\Gamma_{00}^\alpha}{dx_\alpha} - \Gamma_{00}^\alpha\Gamma_{\alpha\beta}^\beta + \Gamma_{0\beta}^\alpha\Gamma_{0\alpha}^\beta$$

$$= \frac{d\Gamma_{0\alpha}^\alpha}{dt} - \frac{d\Gamma_{00}^\alpha}{dx_\alpha} - \Gamma_{00}^\alpha\Gamma_{\alpha\beta}^\beta + \Gamma_{0\beta}^\alpha\Gamma_{0\alpha}^\beta \quad (\Gamma_{0\alpha}^\alpha = 0)$$

$$= -\frac{d\Gamma_{00}^{\alpha}}{dx_{\alpha}} - \Gamma_{00}^{\alpha}\Gamma_{\alpha\beta}^{\beta} + \Gamma_{0\beta}^{\alpha}\Gamma_{0\alpha}^{\beta}$$

$$= -\frac{d\Gamma_{00}^{1}}{dx_{1}} - \Gamma_{00}^{1}\Gamma_{1\beta}^{\beta} + \Gamma_{00}^{1}\Gamma_{01}^{0} + \Gamma_{01}^{0}\Gamma_{00}^{1}$$

$$= -\frac{d[\nu'e^{2(\nu-\lambda)}]}{dr} - \Gamma_{00}^{1}(\Gamma_{10}^{0} + \Gamma_{11}^{1} + \Gamma_{12}^{2} + \Gamma_{13}^{3}) + 2\Gamma_{00}^{1}\Gamma_{01}^{0}$$

$$= -\frac{d[\nu'e^{2(\nu-\lambda)}]}{dr} - \Gamma_{00}^{1}(-\Gamma_{10}^{0} + \Gamma_{11}^{1} + \Gamma_{12}^{2} + \Gamma_{13}^{3})$$

$$= -\nu''e^{2(\nu-\lambda)} - 2\nu'(\nu' - \lambda')e^{2(\nu-\lambda)} - \nu'e^{2(\nu-\lambda)}(-\nu' + \lambda' + \frac{2}{r})$$

$$= (-\nu'' + \nu'\lambda' - \nu'^{2} - \frac{2\nu'}{r})e^{2(\nu-\lambda)} \quad (1-55)$$

(2) $\mu = 1, \nu = 1$。

$$R_{11} = \frac{d\Gamma_{1\alpha}^{\alpha}}{dx_{1}} - \frac{d\Gamma_{11}^{\alpha}}{dx_{\alpha}} - \Gamma_{11}^{\alpha}\Gamma_{\alpha\beta}^{\beta} + \Gamma_{1\beta}^{\alpha}\Gamma_{1\alpha}^{\beta}$$

$$= \frac{d(\Gamma_{10}^{0} + \Gamma_{11}^{1} + \Gamma_{12}^{2} + \Gamma_{13}^{3})}{dr} - (\frac{d\Gamma_{11}^{0}}{dt} + \frac{d\Gamma_{11}^{1}}{dr} + \frac{d\Gamma_{11}^{2}}{d\theta} + \frac{d\Gamma_{11}^{3}}{d\varphi}) -$$

$$\Gamma_{11}^{1}(\Gamma_{10}^{0} + \Gamma_{11}^{1} + \Gamma_{12}^{2} + \Gamma_{13}^{3}) + \Gamma_{10}^{0}\Gamma_{10}^{0} + \Gamma_{11}^{1}\Gamma_{11}^{1} + \Gamma_{12}^{2}\Gamma_{12}^{2} +$$

$$\Gamma_{13}^{3}\Gamma_{13}^{3}$$

$$= \frac{d(\nu' + \lambda' + \frac{2}{r})}{dr} - (0 + \frac{d\lambda'}{dr} + 0 + 0) - \lambda'(\nu' + \lambda' + \frac{2}{r}) +$$

$$\nu'^{2} + \lambda'^{2} + \frac{2}{r^{2}}$$

$$= \nu'' + \lambda'' - \frac{2}{r^{2}} - \lambda'' - \nu'\lambda' - \lambda'^{2} - \frac{2\lambda'}{r} + \nu'^{2} + \lambda'^{2} + \frac{2}{r^{2}}$$

$$= \nu'' + \nu'^{2} - \nu'\lambda' - \frac{2\lambda'}{r} \quad (1-56)$$

(3) $\mu = 2, \nu = 2$。

$$R_{22} = \frac{d\Gamma_{2\alpha}^{\alpha}}{dx_{2}} - \frac{d\Gamma_{22}^{\alpha}}{dx_{\alpha}} - \Gamma_{22}^{\alpha}\Gamma_{\alpha\beta}^{\beta} + \Gamma_{2\beta}^{\alpha}\Gamma_{2\alpha}^{\beta}$$

$$= \frac{d(\Gamma_{20}^{0} + \Gamma_{21}^{1} + \Gamma_{22}^{2} + \Gamma_{23}^{3})}{d\theta} - (\frac{d\Gamma_{22}^{0}}{dt} + \frac{d\Gamma_{22}^{1}}{dr} + \frac{d\Gamma_{22}^{2}}{d\theta} + \frac{d\Gamma_{22}^{3}}{d\varphi}) -$$

1 TOV 方程

$$\Gamma_{22}^1(\Gamma_{10}^0 + \Gamma_{11}^1 + \Gamma_{12}^2 + \Gamma_{13}^3) + \Gamma_{21}^2\Gamma_{22}^1 + \Gamma_{22}^1\Gamma_{21}^2 + \Gamma_{23}^3\Gamma_{23}^3$$

$$= \frac{\mathrm{d}\cot\theta}{\mathrm{d}\theta} - \left[0 + \frac{\mathrm{d}(-re^{-2\lambda})}{\mathrm{d}r} + 0 + 0\right] - (-re^{-2\lambda})(\nu' + \lambda' + \frac{2}{r})$$

$$+ \frac{1}{r}(-re^{-2\lambda}) + (-re^{-2\lambda})\frac{1}{r} + \cot^2\theta$$

$$= -\csc^2\theta + e^{-2\lambda} - 2\lambda' re^{-2\lambda} + r\nu' e^{-2\lambda} + r\lambda' e^{-2\lambda} + 2e^{-2\lambda} - 2e^{-2\lambda} + \cot^2\theta$$

$$= e^{-2\lambda}(1 + r\nu' - r\lambda') - 1 \qquad (1-57)$$

(4) $\mu = 3, \nu = 3$。

$$R_{33} = \frac{\mathrm{d}\Gamma_{3\alpha}^\alpha}{\mathrm{d}x_3} - \frac{\mathrm{d}\Gamma_{33}^\alpha}{\mathrm{d}x_\alpha} - \Gamma_{33}^\alpha\Gamma_{\alpha\beta}^\beta + \Gamma_{3\beta}^\alpha\Gamma_{3\alpha}^\beta$$

$$= \frac{\mathrm{d}(\Gamma_{30}^0 + \Gamma_{31}^1 + \Gamma_{32}^2 + \Gamma_{33}^3)}{\mathrm{d}\varphi} - \left(\frac{\mathrm{d}\Gamma_{33}^0}{\mathrm{d}t} + \frac{\mathrm{d}\Gamma_{33}^1}{\mathrm{d}r} + \frac{\mathrm{d}\Gamma_{33}^2}{\mathrm{d}\theta} + \frac{\mathrm{d}\Gamma_{33}^3}{\mathrm{d}\varphi}\right) -$$

$$\Gamma_{33}^1(\Gamma_{10}^0 + \Gamma_{11}^1 + \Gamma_{12}^2 + \Gamma_{13}^3) - \Gamma_{33}^2(\Gamma_{20}^0 + \Gamma_{21}^1 + \Gamma_{22}^2 + \Gamma_{23}^3) +$$

$$\Gamma_{31}^3\Gamma_{33}^1 + \Gamma_{32}^3\Gamma_{33}^2 + \Gamma_{33}^1\Gamma_{31}^3 + \Gamma_{33}^2\Gamma_{32}^3$$

$$= \frac{\mathrm{d}(0+0+0+0)}{\mathrm{d}\varphi} - \left[0 + \frac{\mathrm{d}(-re^{-2\lambda}\sin^2\theta)}{\mathrm{d}r} + \frac{\mathrm{d}(-\sin\theta\cos\theta)}{\mathrm{d}\theta} + \right.$$

$$0\bigg] - (-re^{-2\lambda}\sin^2\theta)(\nu' + \lambda' + \frac{2}{r}) - (-\sin\theta\cos\theta)(0 + 0 +$$

$$0 + \cot\theta) + 2\frac{1}{r}(-re^{-2\lambda}\sin^2\theta) + \cot\theta(-\sin\theta\cos\theta) +$$

$$(-\sin\theta\cos\theta)\cot\theta$$

$$= \frac{\mathrm{d}(re^{-2\lambda}\sin^2\theta)}{\mathrm{d}r} + \frac{\mathrm{d}(\sin\theta\cos\theta)}{\mathrm{d}\theta} + re^{-2\lambda}\sin^2\theta(\nu' + \lambda' + \frac{2}{r}) +$$

$$\cos^2\theta - 2e^{-2\lambda}\sin^2\theta - \cos^2\theta - \cos^2\theta$$

$$= e^{-2\lambda}\sin^2\theta - 2r\lambda' e^{-2\lambda}\sin^2\theta + \cos^2\theta - \sin^2\theta + re^{-2\lambda}\sin^2\theta(\nu' + \lambda' +$$

$$\frac{2}{r}) + \cos^2\theta - 2e^{-2\lambda}\sin^2\theta - \cos^2\theta - \cos^2\theta$$

$$= -2r\lambda' e^{-2\lambda}\sin^2\theta - \sin^2\theta + re^{-2\lambda}\sin^2\theta(\nu' + \lambda' + \frac{2}{r}) - e^{-2\lambda}\sin^2\theta$$

$$= \sin^2\theta[e^{-2\lambda}(r\nu' - r\lambda' + 1) - 1]$$

$$= R_{22}\sin^2\theta \qquad (1-58)$$

1.5 标量曲率和能量动量张量

1.5.1 标量曲率

在爱因斯坦引力场方程(1-7)中,标量曲率为

$$R = g^{\mu\nu} R_{\mu\nu} \qquad (1-59)$$

即

$$\begin{aligned}
R &= g^{00} R_{00} + g^{11} R_{11} + g^{22} R_{22} + g^{33} R_{33} \\
&= \frac{1}{g_{00}} R_{00} + \frac{1}{g_{11}} R_{11} + \frac{1}{g_{22}} R_{22} + \frac{1}{g_{33}} R_{33} \\
&= \frac{(-\nu'' + \nu'\lambda' - \nu'^2 - \frac{2\nu'}{r}) e^{2(\nu-\lambda)}}{e^{2\nu}} + \frac{\nu'' + \nu'^2 - \nu'\lambda' - \frac{2\lambda'}{r}}{-e^{2\lambda}} + \\
&\quad \frac{e^{-2\lambda}(1 + r\nu' - r\lambda') - 1}{-r^2} + \frac{\sin^2\theta[e^{-2\lambda}(r\nu' - r\lambda' + 1) - 1]}{-r^2 \sin^2\theta} \\
&= (-\nu'' + \nu'\lambda' - \nu'^2 - \frac{2\nu'}{r}) e^{-2\lambda} - (\nu'' + \nu'^2 - \nu'\lambda' - \frac{2\lambda'}{r}) e^{-2\lambda} - \\
&\quad (\frac{1}{r}\nu' - \frac{1}{r}\lambda' + \frac{1}{r^2}) e^{-2\lambda} + \frac{1}{r^2} - e^{-2\lambda}(\frac{\nu'}{r} - \frac{\lambda'}{r} + \frac{1}{r^2}) + \frac{1}{r^2} \\
&= e^{-2\lambda}(-2\nu'' + 2\nu'\lambda' - 2\nu'^2 - \frac{4\nu'}{r} + \frac{4\lambda'}{r} - \frac{2}{r^2}) + \frac{2}{r^2} \qquad (1-60)
\end{aligned}$$

1.5.2 能量动量张量

在爱因斯坦引力场方程(1-7)中,能量动量张量 $T_{\mu\nu}$ 由广义协变性原理得来

$$T^{\mu\nu} = -p g^{\mu\nu} + (p + \varepsilon) u^\mu u^\nu \qquad (1-61)$$

此处,u^μ, u^ν 为四维速度,定义为

$$u^\mu = \frac{\mathrm{d} x^\mu}{\mathrm{d} \tau} \qquad (1-62)$$

四维速度满足

$$g_{\mu\nu} u^\mu u^\nu = 1 \qquad (1-63)$$

$$u^\mu = 0 (\mu \neq 0), u^0 = \frac{1}{\sqrt{g_{00}}} \qquad (1-64)$$

且有

$$g_0^0 = g_{00}g^{00} = 1 \tag{1-65}$$

$$g_\beta^\alpha = g^{\alpha\mu}g_{\mu\beta} \tag{1-66}$$

用 $g_{\alpha\mu}$ 左乘式(1-61)两边,得

$$g_{\alpha\mu}T^{\mu\nu} = -pg_{\alpha\mu}g^{\mu\nu} + (p+\varepsilon)g_{\alpha\mu}u^\mu u^\nu$$

$$T_\alpha^\nu = -pg_{\alpha\mu}g^{\mu\nu} + (p+\varepsilon)g_{\alpha\mu}u^\mu u^\nu \tag{1-67}$$

当 $\alpha = \nu = 0$ 时,由于式(1-63)和式(1-65),有

$$T_0^0 = -pg_{00}g^{00} + (p+\varepsilon)g_{00}u^0 u^0 = -p + p + \varepsilon = \varepsilon$$

当 $\alpha = \nu = 1$ 时,由于式(1-9)和式(1-64),有

$$T_1^1 = -pg_{11}g^{11} + (p+\varepsilon)g_{11}u^1 u^1 = -p + 0 = -p$$

同理,有 $T_2^2 = T_2^2 = -p$。

综上,能量动量张量诸分量为

$$\begin{cases} T_0^0 = \varepsilon \\ T_1^1 = T_2^2 = T_3^3 = -p \end{cases} \tag{1-68}$$

1.6 TOV 方程

用度规张量 $g^{\nu\alpha}$ 右乘爱因斯坦引力场方程(1-7),有

$$R_{\mu\nu}g^{\nu\alpha} - \frac{1}{2}Rg_{\mu\nu}g^{\nu\alpha} = -\frac{8\pi G}{c^4}T_{\mu\nu}g^{\nu\alpha}$$

$$R_{\mu\nu}g^{\nu\alpha} - \frac{1}{2}Rg_{\mu\nu}g^{\nu\alpha} = -\frac{8\pi G}{c^4}T_\mu^\alpha \tag{1-69}$$

(1)令 $\mu = \alpha = 0$,由于式(1-9),上式为

$$R_{00}g^{00} - \frac{1}{2}R = -\frac{8\pi G}{c^4}T_0^0 \tag{1-70}$$

将式(1-4)、式(1-55)、式(1-60)和式(1-68)代入上式,得

$$R_{00}g^{00} - \frac{1}{2}R = -\frac{8\pi G}{c^4}\varepsilon$$

$$(-\nu'' + \nu'\lambda' - \nu'^2 - \frac{2\nu'}{r})e^{2(\nu-\lambda)} - \frac{1}{2}(-2\nu'' + 2\nu'\lambda' - 2\nu'^2 - \frac{4\nu'}{r} + \frac{4\lambda'}{r} - \frac{2}{r^2})e^{-2\lambda} - \frac{1}{r^2} = -\frac{8\pi G}{c^4}\varepsilon$$

$$e^{-2\lambda}(-\nu'' + \nu'\lambda' - \nu'^2 - \frac{2\nu'}{r} + \nu'' - \nu'\lambda' + 2\nu'^2 + \frac{2\nu'}{r} - \frac{2\lambda'}{r} + \frac{1}{r^2}) - \frac{1}{r^2} = -\frac{8\pi G}{c^4}\varepsilon$$

即

$$e^{-2\lambda}(\frac{2\lambda'}{r} - \frac{1}{r^2}) + \frac{1}{r^2} = \frac{8\pi G}{c^4}\varepsilon \qquad (1-71)$$

(2) 令 $\mu = \alpha = 1$，式(1-69)化为

$$R_{11}g^{11} - \frac{1}{2}Rg_{11}g^{11} = -\frac{8\pi G}{c^4}T_1^1$$

由式(1-4)、式(1-8)、式(1-9)、式(1-56)、式(1-60)和式(1-68)，得

$$R_{11}g^{11} - \frac{1}{2}R = \frac{8\pi G}{c^4}p \qquad (1-72)$$

$$-(\nu'' + \nu'^2 - \nu'\lambda' - \frac{2\lambda'}{r})e^{-2\lambda} - \frac{1}{2}e^{-2\lambda}(-2\nu'' + 2\nu'\lambda' - 2\nu'^2 - \frac{4\nu'}{r} + \frac{4\lambda'}{r} - \frac{2}{r^2}) - \frac{1}{r^2} = \frac{8\pi G}{c^4}p$$

$$(-\nu'' - \nu'^2 + \nu'\lambda' + \frac{2\lambda'}{r} + \nu'' - \nu'\lambda' + \nu'^2 + \frac{2\nu'}{r} - \frac{2\lambda'}{r} + \frac{1}{r^2})e^{-2\lambda} - \frac{1}{r^2} = \frac{8\pi G}{c^4}p$$

$$(\frac{2\nu'}{r} + \frac{1}{r^2})e^{-2\lambda} - \frac{1}{r^2} = \frac{8\pi G}{c^4}p \qquad (1-73)$$

(3) 令 $\mu = \alpha = 2$，式(1-69)化为

$$R_{22}g^{22} - \frac{1}{2}Rg_{22}g^{22} = -\frac{8\pi G}{c^4}T_2^2$$

由式(1-4)、式(1-8)、式(1-9)、式(1-57)、式(1-60)和式(1-68)，得

$$R_{22}g^{22} - \frac{1}{2}R = \frac{8\pi G}{c^4}p \qquad (1-74)$$

$$[e^{-2\lambda}(1 + r\nu' - r\lambda') - 1](-\frac{1}{r^2}) - \frac{1}{2}e^{-2\lambda}(-2\nu'' + 2\nu'\lambda' - 2\nu'^2 -$$

$$\frac{4\nu'}{r} + \frac{4\lambda'}{r} - \frac{2}{r^2}) - \frac{1}{r^2} = \frac{8\pi G}{c^4}p$$

$$(-\frac{1}{r^2} - \frac{\nu'}{r} + \frac{\lambda'}{r} + \nu'' - \nu'\lambda' + \nu'^2 + \frac{2\nu'}{r} - \frac{2\lambda'}{r} + \frac{1}{r^2})e^{-2\lambda} + \frac{1}{r^2} - \frac{1}{r^2}$$

$$= \frac{8\pi G}{c^4}p$$

$$(\nu'' - \nu'\lambda' + \nu'^2 + \frac{\nu' - \lambda'}{r})e^{-2\lambda} = \frac{8\pi G}{c^4}p \qquad (1-75)$$

(4) 令 $\mu = \alpha = 3$，式(1-69)化为

$$R_{33}g^{33} - \frac{1}{2}Rg_{33}g^{33} = -\frac{8\pi G}{c^4}T_3^3$$

由式(1-4)、式(1-8)、式(1-9)、式(1-58)、式(1-60)和式(1-68)，得

$$R_{33}g^{33} - \frac{1}{2}R = \frac{8\pi G}{c^4}p \qquad (1-74)$$

$$\sin^2\theta[e^{-2\lambda}(r\nu' - r\lambda' + 1) - 1](\frac{1}{-r^2\sin^2\theta}) - \frac{1}{2}e^{-2\lambda}(-2\nu'' + 2\nu'\lambda'$$

$$-2\nu'^2 - \frac{4\nu'}{r} + \frac{4\lambda'}{r} - \frac{2}{r^2}) - \frac{1}{r^2} = \frac{8\pi G}{c^4}p$$

$$(-\frac{1}{r^2} - \frac{\nu'}{r} + \frac{\lambda'}{r} + \nu'' - \nu'\lambda' + \nu'^2 + \frac{2\nu'}{r} - \frac{2\lambda'}{r} + \frac{1}{r^2})e^{-2\lambda} + \frac{1}{r^2} - \frac{1}{r^2}$$

$$= \frac{8\pi G}{c^4}p$$

$$(\nu'' - \nu'\lambda' + \nu'^2 + \frac{\nu' - \lambda'}{r})e^{-2\lambda} = \frac{8\pi G}{c^4}p \qquad (1-75)$$

令 $G = c = 1$，则上面所得式(1-71)、式(1-73)和式(1-75)可分别表示为

$$e^{-2\lambda}(\frac{2\lambda'}{r} - \frac{1}{r^2}) + \frac{1}{r^2} = 8\pi\varepsilon \qquad (1-76)$$

$$e^{-2\lambda}(\frac{2\nu'}{r} + \frac{1}{r^2}) - \frac{1}{r^2} = 8\pi p \qquad (1-77)$$

$$e^{-2\lambda}(\nu'' - \nu'\lambda' + \nu'^2 + \frac{\nu' - \lambda'}{r}) = 8\pi p \qquad (1-78)$$

由式(1-76)得

$$2\lambda' r e^{-2\lambda} - e^{-2\lambda} + 1 = 8\pi\varepsilon r^2$$

$$\frac{d}{dr}[r(1 - e^{-2\lambda})] = 8\pi\varepsilon r^2$$

$$e^{-2\lambda} = 1 - \frac{8\pi}{r}\int_0^R \varepsilon r^2 dr \qquad (1-79)$$

定义中子星质量

$$M = 4\pi\int_0^R \varepsilon r^2 dr \qquad (1-80)$$

径向坐标 r 延伸至压强消失处，中子星半径为 R。

则式(1-79)可表为

$$e^{-2\lambda} = 1 - \frac{2M}{r} \qquad (1-81)$$

或者

$$e^{2\lambda} = \frac{r}{r - 2M} \qquad (1-82)$$

另外，由式(1-76)得

$$2r\lambda' = e^{2\lambda}(8\pi\varepsilon r^2 - 1) + 1$$

令

$$\alpha = 8\pi\varepsilon r^2 - 1 \qquad (1-83)$$

则上式为

$$2r\lambda' = \alpha e^{2\lambda} + 1 \qquad (1-84)$$

由式(1-77)得

$$2r\nu' = e^{2\lambda}(8\pi p r^2 + 1) - 1 \qquad (1-85)$$

令

$$\beta = 8\pi p r^2 + 1 \qquad (1-86)$$

则上式为

$$2r\nu' = \beta e^{2\lambda} - 1 \qquad (1-87)$$

对式(1-85)微分，得

$$2r^2\nu'' = 2r\lambda' e^{2\lambda}(8\pi p r^2 + 1) + e^{2\lambda}(8\pi p' r^3 + 16\pi p r^2) - 2r\nu'$$

$$= \beta e^{2\lambda}(\alpha e^{2\lambda} + 1) + e^{2\lambda}(8\pi p' r^3 + 16\pi p r^2) - (e^{2\lambda}\beta - 1)$$

$$= \alpha\beta e^{4\lambda} + e^{2\lambda}8\pi p'r^3 + e^{2\lambda}16\pi pr^2 + 1 \qquad (1-88)$$

将式(1-87)平方,得

$$2r^2\nu'^2 = \frac{1}{2}\beta^2 e^{4\lambda} - \beta e^{2\lambda} + \frac{1}{2} \qquad (1-89)$$

将式(1-82)、式(1-84)、式(1-87)、式(1-88)和式(1-89)代入

$$e^{-2\lambda}(\nu'' - \nu'\lambda' + \nu'^2 + \frac{\nu' - \lambda'}{r}) = 8\pi p \qquad (1-78)$$

得

$$\frac{dp}{dr} = \frac{(\alpha + \beta)(1 - \beta e^{2\lambda})}{16\pi r^3}$$

将式(1-82)、式(1-83)和式(1-86)代入上式,得

$$\frac{dp}{dr} = -\frac{(p + \varepsilon)(M - 4\pi r^3 p)}{r(r - 2M)} \qquad (1-90)$$

其中,$p = p(r)$、$\varepsilon = \varepsilon(r)$ 分别为中子星物质的压强和能量密度,均为半径 r 的函数,M 为中子星的质量。

参考文献

[1] 林忠四郎,早川幸男. 宇宙物理学[M]. 师华,译. 北京:科学出版社,1981.
[2] GLENDENNING N K. Compact Stars:Nuclear Physics,Particle Physics,and General Relativity[M]. New York:Springer-Verlag,1997.

2 大质量中子星内部的相对重子数密度

2.1 中子星 PSR J1614-2230 的观测质量对中子星性质的限制

2.1.1 引言

Demorest 等人在 2010 年观测到了大质量中子星 PSR J1614-2230[1]。我们知道,大质量中子星与典型质量中子星之间有很大的不同。例如,较小质量的中子星或许是强大引力波的源[2]。因此,此后人们对于大质量中子星进行了大量的理论研究[3]。

理论计算结果表明,在研究大质量中子星时可以将中子星看成只含核子的体系;也可以将中子星看成含有重子八重态的体系,这时或者只考虑强子自由度,或者只考虑夸克自由度,或者既考虑强子自由度又考虑夸克自由度。这些考虑在现有理论框架内都是可以的。

2012 年,Masuda 等人利用从含有超子的强子物质到奇异夸克物质的光滑交叉的思想,得出的结果表明具有夸克核的中子星的最大质量比那些没有夸克核的中子星最大质量要大些[4]。采用相对论平均场理论,利用含有超子的强子物质状态方程以及使用简单 MIT 袋模型的夸克相,Mallick 计算了具有夸克—强子混合相的混合星的质量上限[5]。Whittenbury 等人利用最近发展的夸克耦合模型和相对论 Hartree-Fock 方法及包含在矢量—介子—重子顶点的全张量结构,他们计算了中子星 PSR J1614-2230 的质量。结果发现,不但在如此大质量星的高密度中超子一定会出现,并且预言的最大质量完全与观测结果一致[6]。

2 大质量中子星内部的相对重子数密度

另外,早在 1990 年和 1991 年,Kapusta 和 Ellis 等人就发现超子之间相互作用强度的不确定性以及核子之间相互作用强度的不确定性导致了能够允许的中子星质量最大值的不确定性[7-8],如果仅仅考虑强子自由度是也能够给出中子星 PSR J1614-2230 的质量的。

W. Z. Jiang 等人在 2012 年研究了在介质中的超子相互作用对中子星性质的影响[9]。研究发现,大质量中子星中的超子组成不能被轻易地排除掉。同年,Weissenborn 等人研究了在大质量中子星中能够存在超子的条件[10]。他们得到了一个经验公式,据此,脉冲星质量的测量可以用以限制中子星内部的超子部分。Chamel 等人利用一套已经发展起来的允许统一处理中子星内部所有部分的纯中子物态方程研究了含有非核子物质的"奇异"核对中子星可能的最大质量的影响[11]。研究发现,当中子星物质向奇异相转化时物态方程显著软化。然而,在接近中子星的中心区域密度很高,因其物态方程很硬,这样就可以得到很大的中子星质量。Katayama 等人采用相对论 Hartree-Fock 近似详细地研究了中子星物质的性质[12]。在他们的计算中,他们考虑了矢量介子与重子八重态的张量耦合以及在高密物质中的相互作用顶点处的形状因子。

Weissenborn 等人系统地研究了超子的势阱深度对物态方程硬化的影响[13]。他们发现,相比于包含超子之间起排斥作用的额外矢量介子,超子的势阱深度对物态方程有影响但是影响很小。不考虑超子势阱深度的影响,只有考虑了这些额外介子的作用这个新的质量才能够达到。Bednarek 等人提出了一个非线性相对论平均场理论模型,这个模型与更新的半经验核数据和超子核数据一致;并且这个模型允许中子星有一个超子核及大于两倍太阳质量的质量[14]。基于强子模型,X. F. Zhao 等人确定了相应于中子星 PSR J1614-2230 质量的超子耦合参数的范围[15]。

由上述可见,我们能够假定中子星 PSR J1614-2230 仅由强子组成。但是,在这个模型中,中子星的性质仍然是个谜。在本节中,我们应用相对论平均场理论研究中子星 PSR J1614-2230 的观测质量对中子星性质的限制[16]。此处,假定中子星的温度为零,不考虑温度的影响和中微子俘获[17-18]。

2.1.2 相对论平均场理论

强子物质的拉格朗日密度写为[19]

$$\mathcal{L} = \sum_B \overline{\Psi}_B(i\gamma_\mu\partial^\mu - m_B + g_{\sigma B}\sigma - g_{\omega B}\gamma_\mu\omega^\mu - \frac{1}{2}g_{\rho B}\gamma_\mu\tau\cdot\rho^\mu)\Psi_B + \frac{1}{2}(\partial_\mu\sigma\partial^\mu\sigma - m_\sigma^2\sigma^2) - \frac{1}{4}\omega_{\mu\nu}\omega^{\mu\nu} + \frac{1}{2}m_\omega^2\omega_\mu\omega^\mu - \frac{1}{4}\rho_{\mu\nu}\cdot\rho^{\mu\nu} + \frac{1}{2}m_\rho^2\rho_\mu\cdot\rho^\mu - \frac{1}{3}g_2\sigma^3 - \frac{1}{4}g_3\sigma^4 + \sum_{\lambda=e,\mu}\overline{\Psi}_\lambda(i\gamma_\mu\partial^\mu - m_\lambda)\Psi_\lambda \quad (2-1)$$

此拉格朗日密度是非线性 Walecka-Boguta-Bodmer 型的。此处，Ψ_B 是重子 B 的 Dirac 旋量，相应的重子质量为 m_B。σ，ω 和 ρ 分别是介子 σ，ω 和 ρ 的场算符。m_σ，m_ω 和 m_ρ 是这些介子的质量，m_λ 表示轻子的质量。$g_{\sigma B}$，$g_{\omega B}$ 和 $g_{\rho B}$ 分别是介子 σ，ω 和 ρ 与重子 B 的耦合常数。$\frac{1}{3}g_2\sigma^3 + \frac{1}{4}g_3\sigma^4$ 表示 σ 介子的自相互作用能，其中的 g_2 和 g_3 是介子 σ 的自相互作用参数。拉格朗日密度的最后一项表示电子和 μ 子的贡献。

中子星物质中的 β 平衡要求化学势满足

$$\mu_i = b_i\mu_n - q_i\mu_e \quad (2-2)$$

此处，b_i 是第 i 种重子的重子数，q_i 是它的电荷数。

应用相对论平均场近似后，中子星的能量密度和压强可以由下式给出

$$\varepsilon = \frac{1}{3}g_2\sigma^3 + \frac{1}{4}g_3\sigma^4 + \frac{1}{2}m_\sigma^2\sigma^2 + \frac{1}{2}m_\omega^2\omega_0^2 + \frac{1}{2}m_\rho^2\rho_{03}^2 + \sum_B \frac{2J_B+1}{2\pi^2}\int_0^{k_B} k^2\sqrt{k^2 + (m_B - g_{\sigma B}\sigma)^2}\,\mathrm{d}k + \sum_\lambda \frac{1}{\pi^2}\int_0^{k_\lambda} \sqrt{k^2 + m_\lambda^{*2}}\,k^2\,\mathrm{d}k \quad (2-3)$$

$$p = -\frac{1}{3}g_2\sigma^3 - \frac{1}{4}g_3\sigma^4 - \frac{1}{2}m_\sigma^2\sigma^2 + \frac{1}{2}m_\omega^2\omega_0^2 + \frac{1}{2}m_\rho^2\rho_{03}^2 + \frac{1}{3}\sum_B \frac{2J_B+1}{2\pi^2}\int_0^{k_B} \frac{k^4}{\sqrt{k^2 + (m_B - g_{\sigma B}\sigma)^2}}\,\mathrm{d}k +$$

2 大质量中子星内部的相对重子数密度

$$\frac{1}{3}\sum_{\lambda}\frac{1}{\pi^2}\int_0^{k_\lambda}\frac{k^4}{\sqrt{k^2+m_\lambda^{*2}}}\mathrm{d}k \qquad (2-4)$$

此处,m^* 为重子的有效质量。

$$m^* = m_B - g_{\sigma B}\sigma \qquad (2-5)$$

我们利用 TOV 方程(1-80)和(1-90)来得到中子星的质量和半径。

2.1.3 参数的选取

在本工作中,核子耦合参数取 GL97 参数组[19](见表 2-1)。

表 2-1 GL97 核子耦合参数组

m (MeV)	m_σ (MeV)	m_ω (MeV)	m_ρ (MeV)	g_σ	g_ω	g_ρ	g_2 (fm^{-1})	g_3	ρ_0 (fm^{-3})	B/A (MeV)	K (MeV)	a_{sym} (MeV)	m^*/m
939	500	782	770	7.9835	8.7	8.5411	20.966	-9.835	0.153	16.3	240	32.5	0.78

我们定义比例:

$$x_{\sigma h} = \frac{g_{\sigma h}}{g_\sigma} = x_\sigma \qquad (2-6)$$

$$x_{\omega h} = \frac{g_{\omega h}}{g_\omega} = x_\omega \qquad (2-7)$$

$$x_{\rho h} = \frac{g_{\rho h}}{g_\rho} \qquad (2-8)$$

此处,h 代表超子 Λ,Σ 和 Ξ。

首先,我们要研究参数 x_σ 和 x_ω 对中子星物质性质的影响。其次,我们还要研究中子星 PSR J1614-2230 的观测质量对中子星物质性质的限制。

参数 $g_{\rho\Lambda}$,$g_{\rho\Sigma}$ 和 $g_{\rho\Xi}$ 由夸克结构的 SU(6) 对称性给出如下:$g_{\rho\Lambda} = 0$,$g_{\rho\Sigma} = 2$ 和 $g_{\rho\Xi} = g_\rho$[20]。因此,在我们的计算中,我们选择 $x_{\rho\Lambda} = 0$,$x_{\rho\Sigma} = 2$ 和 $x_{\rho\Xi} = 1$。

2.1.4 参数 x_ω 对中子星物质性质的影响

文献[15]给出了相应于中子星 PSR J1614-2230 质量的参数 x_σ 和 x_ω 的一个取值范围,计算中核子耦合参数取为 GL97 参数组(如图 2-1 所示)。此处,为了研究参数 x_ω 对中子星物质性质的影响,我们固定 $x_{\rho\Lambda}$

$=0, x_{\rho\Sigma}=2, x_{\rho\Xi}=1$ 和 $x_\sigma=0.33$,选择 $x_\omega=0.70,0.74,0.78,0.82$, $0.86,0.90$ 和 0.94。

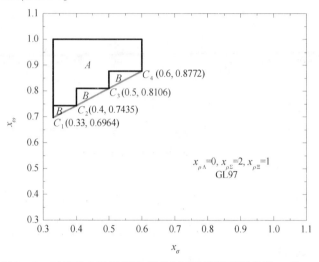

图 2 – 1　对应于中子星 PSR J1614-2230 观测质量参数 x_σ 和 x_ω 可能的取值范围

图 2 – 2 给出了参数 x_ω 对介子 σ,ω 和 ρ 势阱深度的影响。由图可见,介子 σ,ω 和 ρ 的势场强度都随着 ω 的增大而增大。另外,中子和电子的化学势也随着 x_ω 的增大而增大。这些结果见图 2 – 3。参数 x_ω 对重子 $n,p,\Lambda,\Sigma^-,\Sigma^0,\Sigma^+,\Xi^-$ 和 Ξ^0 的相对粒子数密度的影响示于图 2 – 4。我们看到,n 和 p 的相对粒子数密度随着参数 x_ω 的增大而增大。但是,超子 Λ,Σ^- 和 Ξ^- 的相对粒子数密度随着参数 x_ω 的增加而减小。本工作中,我们的计算截止于密度 $1.5\ \text{fm}^{-3}$。在这种条件下,只有当 x_ω 等于 0.70 和 0.74 时,超子 Σ^0 才出现,并且其超子的相对粒子数密度随着参数 x_ω 的增加而减小。对于超子 Σ^+,只有当 x_ω 等于 0.70 时它才出现。但是,对于超子 Ξ^0 来说,在参数 x_ω 等于 $0.70,0.74,0.78,0.82$, $0.86,0.90$ 和 0.94 的 7 种情况下,它都不会出现。

2 大质量中子星内部的相对重子数密度

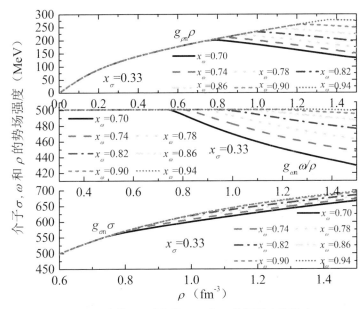

图 2-2 参数 x_ω 对介子 σ,ω 和 ρ 势场强度的影响

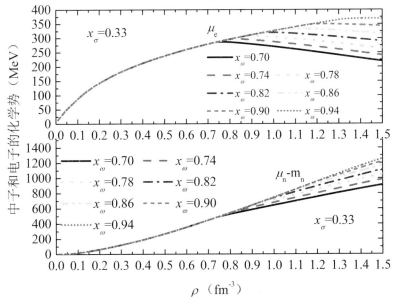

图 2-3 中子和电子的化学势与重子数密度的关系

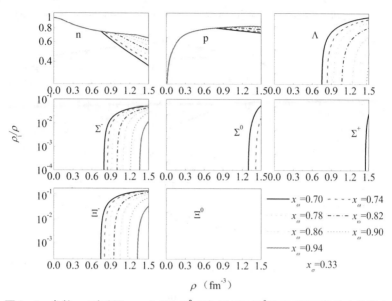

图2-4 参数 x_ω 对重子 n,p,Λ,Σ^-,Σ^0,Σ^+,Ξ^- 和 Ξ^0 的相对粒子数密度的影响

图2-5给出了参数 x_ω 对中子星压强和质量的影响。由图2-5可见,中子星的压强和质量随着参数 x_ω 的增加而增大。

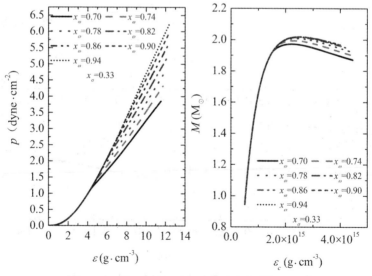

图2-5 参数 x_ω 对中子星压强和质量的影响

2.1.5 参数 x_σ 对中子星性质的影响

参数 x_σ 对中子星性质的影响示于图 2-6 至图 2-8。此处,我们分别选择 x_σ 等于 0.33,0.37,0.41,0.45,0.49,0.53 和 0.60。其中,参数 $x_{\rho\Lambda}=0$, $x_{\rho\Sigma}=2$, $x_{\rho\Xi}=1$ 和 $x_\omega=0.6964$ 固定。

由图 2-6 可见,介子 ω 和 ρ 的势场强度及 n 和 e 的化学势随着 x_σ 的增大均减小。但是,对于介子 σ 的势场强度,影响较为复杂。当 $0.5769\ \text{fm}^{-3}<\rho<0.8392\ \text{fm}^{-3}$ 时,σ 介子的势场强度随着参数 x_σ 的增加而减小。而当 $\rho>0.8392\ \text{fm}^{-3}$ 时,介子 σ 的势场强度将随着参数 x_σ 的增加而增大。

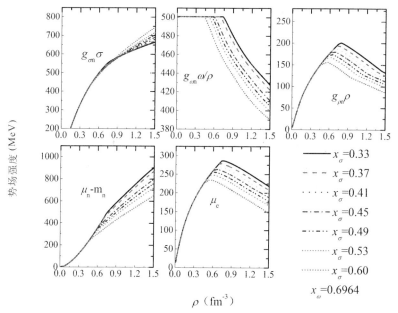

图 2-6 参数 x_σ 对介子 σ,ω 和 ρ 的势场强度以及对 n 和 e 的化学势的影响

参数 x_σ 对重子 n,p,Λ,Σ^-,Σ^0,Σ^+,Ξ^- 和 Ξ^0 相对粒子数密度的影响示于图 2-7。由图可见,重子 n 和 p 的相对粒子数密度随着参数 x_σ 的增加而减小,而超子 Λ,Σ^-,Σ^0 和 Σ^+ 的相对粒子数密度将随着参数 x_σ 的增加而增大。对超子 Ξ^- 来说,当 $\rho<1.148\ \text{fm}^{-3}$ 时,其相对粒子数密度增大;当 $\rho>1.148\ \text{fm}^{-3}$ 时,其相对粒子数密度减小。对 Ξ^0 来说,在我们的计算情形 x_σ 分别等于 0.33,0.37,0.41,0.45,0.49,0.53 和

0.60 中,它没有出现。上述结果表明,参数 x_σ 的增大有利于超子 Λ, Σ^-,Σ^0 和 Σ^+ 的产生,但是,不利于 n 和 p 的产生。

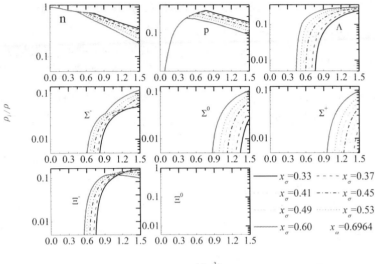

图 2-7 参数 x_σ 对重子 n,p,Λ,Σ^-,Σ^0,Σ^+,Ξ^- 和 Ξ^0 相对粒子数密度的影响

图 2-8 给出了参数 x_σ 对中子星压强和质量的影响。由图可见,中子星的压强和质量都随着参数 x_σ 的增大而减小。

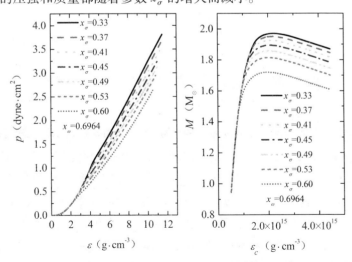

图 2-8 参数 x_σ 对中子星压强和质量的影响

2.1.6 中子星 PSR J1614-2230 的观测质量对中子星物质性质的限制

中子星 PSR J1614-2230 的质量对中子星物质性质的限制示于图 2-9 至图 2-13。图 2-9 至图 2-13 中的阴影部分表示由中子星 PSR J1614-2230 的质量所确定的取值范围。作为比较,我们也计算了典型质量中子星的性质。典型质量中子星是通过由夸克结构的 SU(6) 对称性所决定的超子耦合参数来计算的[19]。从图 2-9 我们发现,在大质量中子星的 σ 介子势场强度和典型质量中子星的 σ 介子势场强度之间有较小的区别。对于 ω 介子,当重子数密度 $\rho > 0.4329$ fm^{-3} 时,大质量中子星的 ω 介子势场强度比典型质量中子星的 ω 介子势场强度大。对于 ρ 介子,当重子数密度 0.3543 fm$^{-3} < \rho < 0.7665$ fm^{-3} 时,大质量中子星的 ρ 介子势场强度比典型质量中子星的 ρ 介子势场强度大;当重子数密度 $\rho > 0.7665$ fm^{-3} 时,典型质量中子星 ρ 介子的势场强度小于 0.06 MeV,而大质量中子星 ρ 介子的势场强度远大于该值。

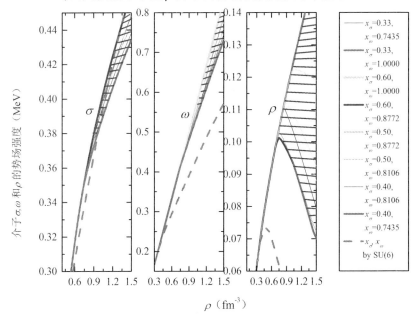

图 2-9 由中子星 PSR J1614-2230 的观测质量所确定的介子 σ, ω 和 ρ 的势场强度

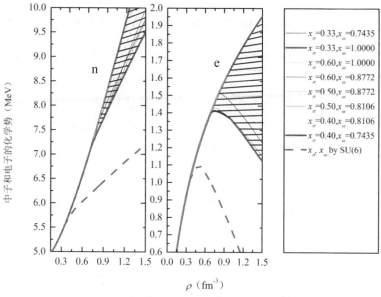

图 2-10　由中子星 PSR J1614-2230 的观测质量所
确定的中子和电子化学势的取值范围

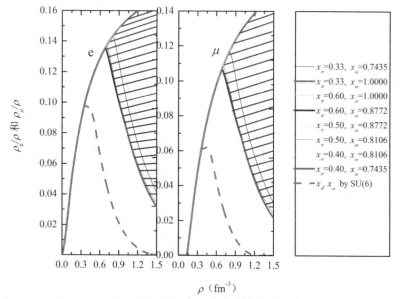

图 2-11　中子星 PSR J1614-2230 的观测质量所确定的电子
和 μ 子相对粒子数密度的取值范围

2 大质量中子星内部的相对重子数密度

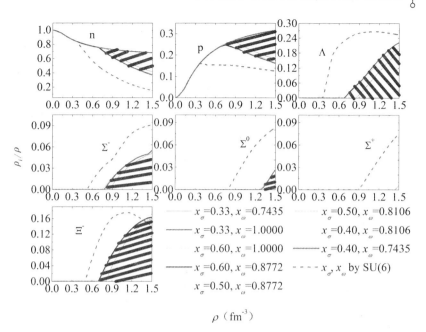

图 2-12 中子星 PSR J1614-2230 的观测质量所确定的重子
n, p, Λ, Σ^-, Σ^0, Σ^+, Ξ^- 和 Ξ^0 的相对粒子数密度

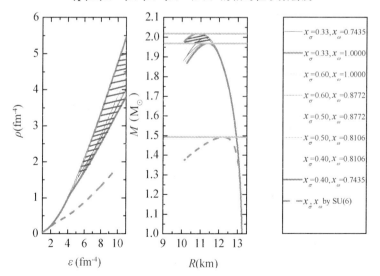

图 2-13 中子星 PSR J1614-2230 的观测质量所确定的压强和质量

关于中子和电子化学势的类似结论如图 2-10 所示。对于中子,

当重子数密度 $\rho > 0.3769$ fm^{-3} 时,大质量中子星的中子化学势远远大于典型质量中子星的中子化学势。例如,当 $\rho = 1.5$ fm^{-3} 时,大质量中子星的中子化学势的取值范围为 9.4792 ~ 10 MeV,而典型质量中子星的中子化学势仅为 7.1944 MeV。对于电子,当重子数密度 $\rho > 0.3610$ fm^{-3} 时,大质量中子星的电子化学势远远大于典型质量中子星的电子化学势;当重子数密度 $\rho = 1.1577$ fm^{-3} 时,大质量中子星的电子化学势取值范围为 1.2961 ~ 1.7612 MeV,而典型质量中子星的电子化学势仅为 0.60 MeV。

中子星 PSR J1614-2230 的观测质量所确定的电子和 μ 子相对粒子数密度的取值范围由图 2-11 给出。对电子来说,当重子数密度 0.3610 fm$^{-3} < \rho < 0.6712$ fm^{-3} 时,典型质量中子星中电子的相对粒子数密度将随着重子数密度的增加而减小,而大质量中子星中电子的相对粒子数密度将随着重子数密度的增加而仍然增加。对于重子数密度 $\rho > 0.3610$ fm^{-3} 的情形,大质量中子星中电子的相对粒子数密度将远大于典型质量中子星中电子的相对粒子数密度。例如,当重子数密度 $\rho = 0.9149$ fm^{-3} 时,大质量中子星中电子的相对粒子数密度在 9.66% ~ 14.91% 范围之间,而典型质量中子星中电子的相对粒子数密度仅为 2.04%,即前者为后者的 4 ~ 7 倍。对于 μ 子的相对粒子数密度,由图 2-11 可得到类似的结论。

图 2-12 给出了中子星 PSR J1614-2230 的观测质量所确定的重子 n,p,Λ,Σ^-,Σ^0,Σ^+,Ξ^- 和 Ξ^0 的相对粒子数密度的取值范围。当重子数密度 $\rho > 0.3558$ fm^{-3} 时,大质量中子星的中子的相对粒子数密度比典型质量中子星内中子的相对粒子数密度大。例如,当重子数密度 $\rho = 0.9896$ fm^{-3} 时,大质量中子星内的中子的相对粒子数密度在 57.30% ~ 71.74% 范围内,而典型质量中子星内的中子的相对粒子数密度只有 32.36%,即相差两倍。这表明,与典型质量中子星相比,大质量中子星不利于其内部的中子向其他粒子的转化。对于质子来说,当重子数密度 $\rho > 0.3475$ fm^{-3} 时,大质量中子星内部的相对粒子数密度比典型质量中子星内部的值要大。对于 $\rho = 0.9813$ fm^{-3} 的情形,大质量中子星内部质子的相对粒子数密度在 22.21% ~ 28.34% 范围内,而典型质量

2 大质量中子星内部的相对重子数密度

中子星内部质子的相对粒子数密度仅为15.21%。这意味着大质量中子星更有利于通过如下反应而产生质子[19]

$$e^- + p \rightarrow n + \nu \qquad (2-9)$$
$$p \rightarrow n + e^- + \bar{\nu} \qquad (2-10)$$

由图2-12还可以看出,大质量中子星不太利于超子$\Lambda, \Sigma^-, \Sigma^0$, Σ^+和Ξ^-的产生。例如,当重子数密度$\rho = 0.9668$ fm^{-3}时,大质量中子星内部的Λ超子的相对粒子数密度在0% ~ 8.39%范围内,而质量中子星内部的Λ超子的相对粒子数密度为26.39%,即至少增加到3倍。对于超子$\Sigma^-, \Sigma^0, \Sigma^+$和$\Xi^-$的情形,也可以得出类似的结论。对于超子$\Xi^0$来说,在我们的计算中它没有出现。

中子星PSR J1614-2230的观测质量所确定的压强和质量由图2-13给出。从图中我们可以看到,大质量中子星内部的压强大于典型质量中子星内部的压强。例如,当能量密度为8.7732 fm^{-4}时,大质量中子星内部的压强子在2.8467 ~ 3.9083 fm^{-4}范围内,而典型质量中子星内部的压强仅为1.525 fm^{-4}在这种情形下,和典型质量中子星内部的压强相比,大质量中子星内部的压强增大了约2倍。这表明,大质量中子星的物态方程比典型质量中子星的物态方程硬得多。我们知道,较硬的物态方程将给出较大的中子星质量。这可以由图2-13的右半部分和表2-2看出。本工作中确定的中子星的最大质量在1.9700 ~ 2.0177 M$_\odot$范围内,而由夸克结构的SU(6)对称性所确定的典型质量中子星的最大质量仅为1.4926 M$_\odot$。

表2-2 本工作计算的中子星最大质量及相应的中心能量密度

核子耦合参数	x_σ	x_ω	ε_c ($\times 10^{15}$ g·cm^{-3})	M_{max} (M$_\odot$)	R (km)
GL97	0.33	0.7435	2.3125	1.9957	11.233
GL97	0.33	1	2.4893	2.0177	10.877
GL97	0.6	1	2.4698	2.0165	10.925
GL97	0.6	0.8772	2.276	1.97	11.267
GL97	0.5	0.8772	2.3764	2.0047	11.101

续表 2-2

核子耦合参数	x_σ	x_ω	ε_c ($\times 10^{15}$ g·cm^{-3})	M_{max} ($M_\odot$)	R (km)
GL97	0.5	0.8106	2.2457	1.97	11.33
GL97	0.4	0.8106	2.3627	2.0039	11.136
GL97	0.4	0.7435	2.222	1.97	11.382
SU(6)			1.6532	1.4926	12.221

注:此处,$x_{\rho\Lambda} = 0$,$x_{\rho\Sigma} = 2$,$x_{\rho\Xi} = 1$。对夸克结构的 SU(6) 对称性来说,$x_{\sigma\Lambda} = x_{\sigma\Sigma} = x_{\omega\Lambda} = x_{\omega\Sigma} = 0.6667$,$x_{\sigma\Xi} = x_{\omega\Xi} = 0.3333$。核子耦合参数取为 GL97。

2.1.7 小结

首先,我们发现介子 σ,ω 和 ρ 的势场强度、中子和质子的相对粒子数密度、中子星的压强和质量随着参数 x_ω 的增加而增加,其他的物理量,如超子 Λ,Σ^-,Σ^0,Σ^+ 和 Ξ^- 的相对粒子数密度随着参数 x_ω 的增加而减少。

其次,我们还发现,σ 介子的势场强度、超子 Λ,Σ^-,Σ^0,Σ^+ 和 Ξ^- 的相对粒子数密度随着参数 x_σ 的增加而增加,而 ω 和 ρ 介子的势场强度、中子和电子的化学势、中子和质子的相对粒子数密度、中子星的压强和质量随着参数 x_σ 的增加却减少。

最后,我们利用相对论平均场理论研究了中子星 PSR J1614-2230 的观测质量对中子星物质性质的限制。我们发现,在大质量中子星的 σ 介子势场强度和典型质量中子星的 σ 介子势场强度之间只有较小差别。对于 ω 和 ρ 介子的势场强度、中子和电子的化学势来说,当重子数密度大于某个值时,大质量中子星的值大于典型质量中子星的值。我们还发现,对于电子、μ 子、中子和质子的相对粒子数密度以及中子星的压强来说,大质量中子星所对应的值远大于典型质量中子星所对应的值。对于超子 Λ,Σ^-,Σ^0,Σ^+ 和 Ξ^- 来说,大质量中子星所对应的值远小于典型质量中子星所对应的值。这意味着大质量中子星更有利于质子的产生而不利于超子的产生。

2.2 大质量中子星 PSR J0348+0432 的性质

2.2.1 引言

近几年来,人们陆续发现了几颗大质量中子星。在 2010 年,具有质量 $M=(1.97\pm0.04)M_\odot$ 的大质量中子星 PSR J1614-2230 由 Demorest 等人发现[1]。通过因果关系方程 $R\geqslant 8.3(\frac{M}{1.97M_\odot})$ km,再结合最近置于 12 km 处 X 射线双星的中子星半径的光谱测量[21-22],对所有的中子星来说,这将导致一个非常狭窄的半径范围 $8.3\ \text{km}\leqslant R\leqslant 12\ \text{km}$[23]。其后,人们利用高密物质不同的状态方程对大质量中子星开展了广泛的理论研究,诸如大质量强子中子星[9-10,13-15,24-26],夸克—强子混合星[4,27-28],在其他近似诸如相对论平均场近似或者夸克—介子耦合模型下的强子星[3,6,12]等等。

中子星的质量和半径通过 TOV 方程而互相联系。由于耦合常数将影响中子星物质的性质,那么,一旦中子星的质量已知,它必将对中子星物质的性质加以限制,而这又将对耦合常数进行限制。对耦合常数的限制将影响到半径。因此,每一个最新发现的中子星质量将对半径提供新的限制。

在 2013 年,Antoniadis 等人观测到了具有质量 $(2.01\pm0.04)M_\odot$ 的大质量中子星 PSR J0348+0432[29]。它的大质量无疑会对中子星的半径提供新的限制。

为了获得较大质量的中子星,物态方程应该足够硬。计算表明,如果考虑超子自由度计算所得的中子星的最大质量在 $1.5\sim 1.97\ M_\odot$ 范围内;如果仅考虑核子自由度,中子星的最大质量可以达到 $2.36\ M_\odot$[30-31]。显然,超子的出现将减小中子星的质量。

中子星是密实物体,在中子星内部将有超子产生,因此,在中子星内部考虑超子自由度是合理的[30]。为了利用相对论平均场理论计算中子星质量,我们必须首先选取合适的核子耦合参数和超子耦合常数。

计算表明,核子耦合参数 GL85 参数组可以很好地描述中子星物质的性质[30]。对于超子耦合常数,有很多种选取方法。例如,我们可以根据夸克结构的SU(6)对称性来选取介子ω的耦合常数,而介子σ的耦合常数可以通过拟合超子,Σ和Ξ在饱和核物质中的势阱深度来得到[15]。

本节中,考虑到重子八重态利用相对论平均场理论研究了大质量中子星PSR J0348+0432内部的相对重子数密度[32]。

2.2.2 相对论平均场理论和中子星的质量

相对论平均场理论见第2.1.2节。

本节中我们选择GL85核子耦合参数组[30]:饱和核密度$\rho_0 = 0.145$ fm^{-3},束缚能$B/A = 15.95$ MeV,压缩模量$K = 285$ MeV,对称能系数$a_{sym} = 36.8$ MeV和有效质量$m^*/m = 0.77$。

根据夸克结构的SU(6)对称性我们选择$x_{\rho\Lambda} = 0, x_{\rho\Sigma} = 2$和$x_{\rho\Xi} = 1$[20]。

计算表明,超子耦合常数和核子耦合参数的比值在$1/3 \sim 1$之间[31]。因此,我们取$x_\sigma = 0.4, 0.5, 0.6, 0.7, 0.8, 0.9, 1.0$。对于每一个$x_\sigma$,参数$x_\omega$由拟合超子在饱和核物质中的势阱深度得到[19]

$$U_h^{(N)} = m_B(\frac{m_n^*}{m_n} - 1)x_{\sigma h} + (\frac{g_\omega}{m_\omega})^2 \rho_0 x_{\omega h} \quad (2-11)$$

实验数据表明,超子的势阱深度$U_\Lambda^{(N)} = -30$ MeV[33],$U_\Sigma^{(N)} = 10 \sim 40$ MeV[34-37]和$U_\Xi^{(N)} = -28$ MeV[38]。因此,本节中我们分别选取$U_\Lambda^{(N)} = -30$ MeV,$U_\Sigma^{(N)} = +40$ MeV和$U_\Xi^{(N)} = -28$ MeV。

我们选取的参数列于表2-3。

表2-3 本节选取的超子耦合参数

$x_{\sigma\Lambda}$	$x_{\omega\Lambda}$	$x_{\sigma\Sigma}$	$x_{\omega\Sigma}$	$x_{\sigma\Xi}$	$x_{\omega\Xi}$
0.4	0.3679	0.4	0.8250	0.4	0.3811
0.5	0.5090	0.5	0.9660	0.5	0.5221
0.6	0.6500			0.6	0.6630
0.7	0.7909			0.7	0.8040
0.8	0.9319			0.8	0.9450

注:其中超子势阱深度分别取为$U_\Lambda^{(N)} = -30$ MeV,$U_\Sigma^{(N)} = +40$ MeV和$U_\Xi^{(N)} = -28$ MeV。

2 大质量中子星内部的相对重子数密度

我们利用 TOV 方程计算中子星的质量和半径。

在现在的模型中,超子 Σ 不出现[39]。因此,在表 2-3 中,我们只选择 $x_{\sigma\Sigma}=0.4$ 和 $x_{\omega\Sigma}=0.825$,而 $x_{\sigma\Sigma}=0.5$ 和 $x_{\omega\Sigma}=0.9660$ 可以不考虑。由表 2-3 可见,我们可以构成 25 组参数(分别称为 No.01,No.02,…,No.25),对每一组参数我们都计算出中子星的质量。结果表明,只有参数 No.24($x_{\sigma\Lambda}=0.8$, $x_{\omega\Lambda}=0.9319$; $x_{\sigma\Sigma}=0.4$, $x_{\omega\Sigma}=0.825$; $x_{\sigma\Xi}=0.7$, $x_{\omega\Xi}=0.804$)和 No.25($x_{\sigma\Lambda}=0.8$, $x_{\omega\Lambda}=0.9319$; $x_{\sigma\Sigma}=0.4$, $x_{\omega\Sigma}=0.825$; $x_{\sigma\Xi}=0.8$, $x_{\omega\Xi}=0.945$)能够得到大于中子星 PSR J0348+0432 质量的质量(对于前者,中子星的最大质量为 $M_{\max}=2.0132\ M_\odot$,对于后者,中子星的最大质量为 $M_{\max}=2.0572\ M_\odot$)(如图 2-14 所示)。

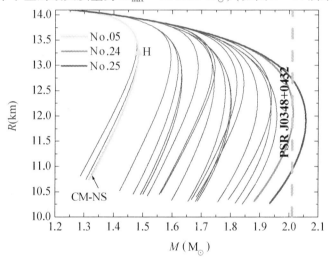

图 2-14 中子星半径和质量的关系

我们看到,由参数 No.24 计算得到的中子星的最大质量是 $M_{\max}=2.0132\ M_\odot$,它较为接近大质量中子星 PSR J0348+0432($M=2.01\ M_\odot$)的质量。接下来,我们分别微调参数 $x_{\sigma\Xi}$ 到 0.69,0.695,0.6946,相应的通过拟合超子势阱深度得到的耦合参数 $x_{\omega\Xi}$ 分别为 0.79,0.797,0.7964。利用上述耦合参数,得到的中子星的最大质量 $M_{\max}$ 分别为 $2.007\ M_\odot$,$2.0102\ M_\odot$,$2.01\ M_\odot$。这样,我们得到了一组可以给出大质量中子星 PSR J0348+0432 质量的耦合参数:$x_{\sigma\Lambda}=0.8$, $x_{\omega\Lambda}=0.9319$;

$x_{\sigma\Sigma} = 0.4$, $x_{\omega\Sigma} = 0.825$; $x_{\sigma\Xi} = 0.6946$, $x_{\omega\Xi} = 0.7964$(如图 2 – 15 所示)。在接下来的计算中,我们用这组耦合参数来描述中子星 PSR J0348 + 0432。

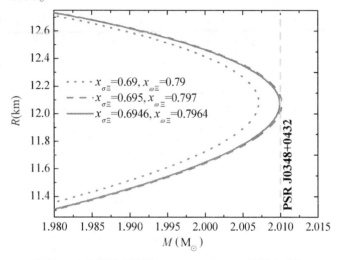

图 2 – 15 大质量中子星 PSR J0348 + 0432 的拟合过程

另外,参数 No. 05 ($x_{\sigma\Lambda} = 0.4$, $x_{\omega\Lambda} = 0.3679$; $x_{\sigma\Sigma} = 0.4$, $x_{\omega\Sigma} = 0.825$; $x_{\sigma\Xi} = 0.8$, $x_{\omega\Xi} = 0.945$)给出的中子星最大质量为 $M_{max} = 1.4843\ M_\odot$,因为它非常接近典型质量中子星的质量(称为 CM-NS),我们选择它来作为比较。尽管我们没有权利改变超核拉格朗日密度的耦合参数来描述大质量中子星和典型质量中子星,但是,这两种情形中的核子耦合参数 GL85 还是相同的。我们认为比较这两种情况还是有意义的。

2.2.3 介子 σ, ω 和 ρ 的势场强度及中子和电子的化学势

介子 σ, ω 和 ρ 的势场强度与重子数密度的关系如图 2 – 16 所示。由图可见,大质量中子星 PSR J0348 + 0432 内部的 σ, ω 和 ρ 介子的势场强度都比典型质量中子星内部的大。但是,大的程度有所不同:对于 σ 介子的势场强度,大质量中子星 PSR J0348 + 0432 内部的值只比典型质量中子星内部的值略微大一些;对于 σ 介子的势场强度,大质量中子星 PSR J0348 + 0432 内部的值比典型质量中子星内部的值大得较多一些;而对于 ω 介子的势场强度,大质量中子星 PSR J0348 + 0432 内部的

值比典型质量中子星内部的值大很多。

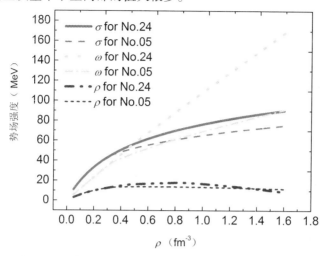

图 2 - 16　介子 σ,ω 和 ρ 的势场强度与重子数密度的关系

中子和电子的化学势与重子数密度的关系如图 2 - 17 所示。由图可见,大质量中子星 PSR J0348 + 0432 内部的电子化学势比典型质量中子星内部的电子化学势略微大一些。对于中子的化学势来说,大质量中子星 PSR J0348 + 0432 内部的值比典型质量中子星内部的值大很多。

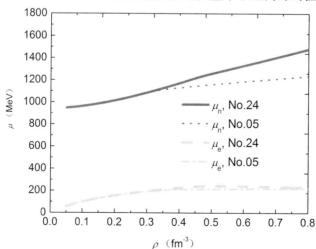

图 2 - 17　中子和电子的化学势与重子数密度的关系

2.2.4 大质量中子星 PSR J0348+0432 内部的相对重子数密度

本节计算的中子星的性质见表 2-4。由表 2-4 和图 2-15 我们看到大质量中子星 PSR J0348+0432 的半径为 $R = 12.072$ km,典型质量中子星的半径为 $R = 13.245$ km。前者比后者大约小 9%。

表 2-4 本工作计算的中子星质量 M、半径 R、中心能量密度 ε_c、中心压强 p_c 和中心重子数密度 ρ_c

性质	M ($M_\odot$)	R (km)	ε_c (fm^{-4})	p_c (fm^{-4})	ρ_c (fm^{-3})
PSR J0348+0432	2.01	12.072	5.6695	1.585	0.9153
CM-NS	1.48	13.245	3.8362	0.435	0.6961

大质量中子星 PSR J0348+0432 的质量为 $M = 2.01\ M_\odot$,而在我们的计算中,典型质量中子星的质量为 $M = 1.48\ M_\odot$,即大质量中子星 PSR J0348+0432 的质量约为典型质量中子星质量的 1.36 倍。这意味着大质量中子星 PSR J0348+0432 的物态方程要比典型质量中子星的物态方程硬很多。这种情形可见于图 2-18(其中 ε_c 表示中子星的中心能量密度)。另外,大质量中子星的中心能量密度为 $\varepsilon_c = 5.6695$ fm^{-4},而典型质量中子星的中心能量密度只有 $\varepsilon_c = 3.8362$ fm^{-4},即前者比后者约大 1.5 倍。我们还可以看到,大质量中子星 PSR J0348+0432 的中心压强为 $p_c = 1.585$ fm^{-4},而典型质量中子星的中心压强只有 $p_c = 0.435$ fm^{-4}。这意味着前者比后者约大 3.6 倍。因此,中子星 PSR J0348+0432 较硬的物态方程必定提供较大的中子星质量。

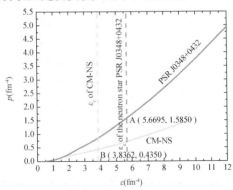

图 2-18 压强和能量密度的关系

2 大质量中子星内部的相对重子数密度

另外,大质量中子星 PSR J0348+0432 的物态方程与典型质量中子星物态方程的区别必定暗示这两种星体内部粒子数分布的区别。图 2-19 给出了相对粒子数密度与重子数密度的关系(其中,ρ_c 表示中心重子数密度)。我们看到,在中子星 PSR J0348+0432 内部有五种重子出现:n,p,Λ,Ξ^- 和 Ξ^0;但是,在典型质量中子星内部,只有三种粒子出现:n,p 和 Λ。那是由于典型质量中子星内部密度较低,因而超子 Ξ^- 和 Ξ^0 没有产生。在我们的模型中,正的超子势阱深度 $U_\Sigma^{(N)}$ 将抑制超子 Σ^-,Σ^0 和 Σ^+ 的产生。因此,无论在大质量中子星 PSR J0348+0432 内部还是在典型质量中子星内部,超子 Σ^-,Σ^0 和 Σ^+ 均不出现。

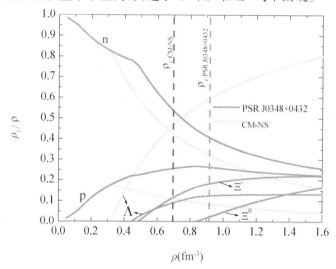

图 2-19 相对粒子数密度与重子数密度的关系

2.2.5 小结

本节中,利用相对论平均场理论,通过选择合适的超子耦合参数研究了大质量中子星 PSR J0348+0432 的性质。研究发现,如果超子势阱深度取 $U_\Lambda^{(N)} = -30$ MeV,$U_\Sigma^{(N)} = 40$ MeV 和 $U_\Xi^{(N)} = -28$ MeV;$x_{\rho\Lambda} = 0$,$x_{\rho\Sigma} = 2$,$x_{\rho\Xi} = 1$;并且核子耦合参数取为 GL85 耦合参数组,那么,我们能够得到一组合适的参数,用以描述大质量中子星 PSR J0348+0432。

计算结果表明,大质量中子星 PSR J0348+0432 的中心能量密度是典型质量中子星中心能量密度的 1.5 倍,大质量中子星 PSR J0348+

0432 的中心压强是典型质量中子星中心压强的 3.6 倍。我们还看到，在大质量中子星内部有五种重子出现：n, p, Λ, Ξ^- 和 Ξ^0。但是，在典型质量中子星内部只有三种重子（n, p 和 Λ）出现。在典型质量中子星内部超子 Ξ^- 和 Ξ^0 不出现。无论在大质量中子星 PSR J0348+0432 内部还是在典型质量中子星内部，超子 Σ^-，Σ^0 和 Σ^+ 均不出现。

最近发表的关于超密物质和密实星的工作表明，假设大质量中子星含有超子自由度或许是合理的[40-43]。我们的计算结果与这些工作的结论是一致的。

关于中子星 PSR J0348+0432 的结果应该也适用于"大质量中子星"，它定义为具有接近于 2 $M_\odot$ 的中子星。

参考文献

[1] DEMOREST P B, PENNUCCI T. RANSOM S M, et al. A two-solar-mass neutron star measured using Shapiro delay[J]. Nature, 2010, 467(7319):1081-1083.

[2] HOROWITZ C J. Gravitational waves from low mass neutron stars[J]. Physical Review D, 2010, 81(10):103001.

[3] MASSOT é, MARGUERON J, CHANFRAY G. On the maximum mass of hyperonic neutron star[J]. Europhysics Letters, 2012, 97(3):39002.

[4] MASUDA K, HATSUDA T, TAKATSUKA T. Hadron-quark crossover and massive hybrid stars with strangeness[J]. The Astrophysical Journal, 2013, 764(1):12.

[5] MALLICK R. Maximum mass of a hybrid star having a mixed phase region in the light of pulsar PSR J1614-2230[J]. Physical Review C, 2013, 87(2):025804.

[6] WHITTENBURY D. Neutron star properties with hyperons [C/OL]// Proceedings of the XII International Symposium on Nuclei in the Cosmos (NIC XII), Cairns, Australia, August 5-12, 2012. http://pos.sissa.it/cgi-bin/reader/conf.cgi? confid=146.

[7] KAPUSTA J I, OLIVE K A. Effects of strange particles on neutron-star cores[J]. Physical Review Letters, 1990(64):13-15.

[8] ELLIS J, KAPUSTA J I, OLIVE K A. Strangeness, glue and quark matter content of neutrons stars[J]. Nuclear Physics B, 1991(348):345-372.

[9] JIANG W Z, LI B A, CHEN L W. Large-mass neutron stars with hyperonization[J]. The Astrophysical Journal, 2012, 756(1):56.

[10] WEISSENBORN S, CHATTERJEE D, SCHAFFNER-BIELICH J. Hyperons and massive neutron star:Vector repulsion and SU(3) symmetry[J]. Physical Review C,2012,85(6):065802.

[11] CHAMEL N,FANTINA A F,PEARSON J M,et al. Phase transitions in dense matter and the maximum mass of neutron stars[J]. Astronomy & Astrophysics,2013(553):A22.

[12] KATAYAMA T,MIYASU T,SAITO K. EoS for massive neutron star[J]. The Astrophysical Journal Supplement,2012,203(2):22.

[13] WEISSENBORN S, CHATTERJEE D, SCHAFFNER-BIELICH J. Hyperons and massive neutron stars:the role of hyperon potentials[J]. Nuclear Physics A,2012(881):62 - 77.

[14] BEDNAREK I, HAENSEL P, ZDUNIK J L, et al. Hyperons in neutron-star cores and a 2 M_{sun} pulsar[J]. Astronomy & Astrophysics,2012(543):A157.

[15] ZHAO X F,JIA H Y. Mass of the neutron star PSR J1614-2230 [J]. Physical Review C,2012(85):065806.

[16] ZHAO X F,JIA H Y. Constraints the properties of neutron star matter from the mass of neutron star PSR J1614-2230[J]. Astrophysics and space science,2013(346): 131 - 139.

[17] PRAKASH M,BOMBACI I,PRAKASH M,et al. Composition and structure of proto-neutron stars[J]. Physics Reports,1997(280):1 - 77.

[18] KAPUSTA J I, GALE C. Finite-temperature Field Theory:Principles and Applications[M]. Cambridge:Cambridge University Press,2006.

[19] GLENDENNING N K. Compact Stars:Nuclear Physics,Particle Physics,and General Relativity[M]. New York:Springer-Verlag,1997.

[20] SCHAFFNER J,MISHUSTIN I N. Hyperon-rich matter in neutron stars[J]. Physical Review C,1996(53):1416 - 1429.

[21] ÖZEL F,BAYM G,GüVER T. Astrophysical measurement of the equation of state of neutron star matter[J]. Physical Review D,2010,82(10):101301.

[22] Steiner A W,Lattimer J M,Brown E F. The equation of state from observed masses and radii of neutron stars[J]. The Astrophysical Journal,2010,722(1):33 - 54.

[23] ÖZEL F,PSALTIS D,RANSOM S. DEMOREST P. ALFORD M. The massive pulsar PAR J0348 + 0432: Linking quantum chromodynamics, gamma-ray bursts, and gravitational wave astronomy [J]. The Astrophysical Journal Supplement, 2010,

724:L199 - L202.

[24] BEDNAREK W, SOBCZAK T. Gamma-rays from millisecond pulsar population within the central stellar cluster in the Galactic Centre[J]. Monthly Notices of the Royal Astronomical Society:Letters,2013,435(1):L14 - L18.

[25] Bejger M. Parameters of rotating neutron stars with and without hyperons[J]. Astronomy & Astrophysics,2013,552:A59.

[26] MIYATSU T, CHEOUN M, SAITO K. Equation of state for neutron stars in SU(3) flavor symmetry[J]. Physical Review C,2013,88(1):015802.

[27] KLÄHN T. ŁASTOWIECHI R. BLASCHKE D. Implications of the measurement of pulsars with two solar masses for quark matter in compact stars and heavy-ion collisions:A Nambu-Jona-Lasinio model case study[J]. Physical Review D,2013,88(8):085001.

[28] ŁASTOWIECHI R, BLASCHKE D, BERDERMANN J. Neutron star matter in a modified PNJL model[J]. Physics of Atomic Nuclei,2012,75(7):893 - 895.

[29] ANTONIADIS J, FREIRE P C C, WEX N, et al. A massive pulsar in a compact relativistic binary[J]. Science,2013,340(6131):448.

[30] GLENDENNING N K. Neutron stars are giant hypernuclei? [J]. The Astrophysical Journal,1985,293:470 - 493.

[31] GLENDENNING N K, MOSZKOWSKI S A. Reconciliation of neutron-star masses and binding of the Lambda in hypernuclei[J]. Physical Review Letters,1991(67):2414 - 2417.

[32] ZHAO X F. The properties of the neutron star PSR J0348 + 0432[J]. International Journal of Modern Physics D,2015(24):1550058.

[33] BATTY C J, FRIEDMAN E, GAL A. Strong interaction physics from hadronic atoms [J]. Physics Reports,1997(287):385 - 445.

[34] KOHNO M, FUJIWARA Y, WATANABE Y, et al. Semiclassical distorted-wave model analysis of the $(\pi^-, K^+)\Sigma$ formation inclusive spectrum[J]. Physical Review C,2006(74):064613.

[35] HARADA T, HIRABAYASHI Y. Is the Σ nucleus potential for Σ atoms consistent with the $Si^{28}(\pi, K)$ data? [J]. Nuclear Physics A,2005,759(1 - 2):143 - 169.

[36] HARADA T, HIRABAYASHIU Y. Σ production spectrum in the inclusive (π, K) reaction on ^{209}Bi and the Σ - nucleus potential [J]. Nuclear Physics A, 2006 (767):206 - 217.

[37] FRIEDMAN E, GAL A. In-medium nuclear interactions of low-energy hadrons[J]. Physics Reports,2007(452):89 - 153.

[38] SCHAFFNER-BIELICH J, Gal A. Properties of strange hadronic matter in bulk and in finite systems[J]. Physical Review C,2000(62):034311.

[39] ZHAO X F. Constraining the gravitational redshift of a neutron star from the Σ-meson well depth[J]. Astrophysics and space science,2011(332):139 - 144.

[40] COLUCCI G, SEDRAKIAN A. Equation of state of hypernuclear matter: Impact of hyperon-scalar-meson couplings[J]. Physical Review C,2013,87(5):055806.

[41] VAN DALEN E N E, COLUCCI G, SEDRAKIAN A. Constraining hypernuclear density functional with Λ-hypernuclei and compact stars[J]. Physics Letters B,2014(734):383 - 387.

[42] OERTEL M, PROVIDêNCIA C, GULMINELLI F, et al. Hyperons in neutron star matter within relativistic mean-field models[J]. Journal of Physics G: Nuclear and Particle Physics,2015,42(7):075202.

[43] RADUTA AD R, AYMARD F, GULMINELLI F. Clustered nuclear matter in the (proto-)neutron star crust and the symmetry energy[J]. The European Physical Journal A,2014(50):24.

3 大质量超子星的转变密度

3.1 大质量中子星 PSR J1614-2230 的转变密度研究

3.1.1 引言

中子星是具有很高密度的天体[1]。当中子星内部的重子数密度较小时,中子星内部只含有中子、质子和电子。随着中子星内部重子数密度的增大,核子将转化为超子[2]。当重子数密度达到某一个值 ρ_{0H} ,中子星转化为超子星,此重子数密度值称为超子星转变密度。它定义为能够使得 $\sum \rho_H > \sum \rho_N$ 的最低的重子数密度 $\rho = \sum \rho_B$。此处,ρ_H 为超子数密度,ρ_N 为核子密度。在超子星转变密度处中子星转变为超子星[3-4]。

大质量中子星 PSR J1614-2230 是由 Demorest 等人于 2010 年发现的[5],它的质量为 1.97 $M_\odot$。对于这颗大质量中子星我们可以假定它是纯粹由核子和超子组成[6-7],也可以假定它是纯粹由夸克组成[8-9],或者认为它是由核子、超子和位于中子星核心区域的夸克组成[10]。

非线性的相对论平均场理论是和迄今为止的半经验核物理数据及超核数据一致的,这些数据允许中子星拥有一个由超子组成的核心区域以及 $M > 2\ M_\odot$ 的中子星质量[11]。根据相对论平均场理论,大质量中子星 PSR J1614-2230 的质量是可以计算出来的。

矢量介子与八重态重子的张量耦合和相互作用顶点处的形状因子将改变密实物质中的重子[12]。研究发现,超子在饱和核物质中的势阱深度将影响计算的中子星 PSR J1614-2230 的质量[13],因此,不能够简单地排除在大质量中子星内部的超子成分[14]。对于假定大质量中子星 PSR J1614-2230 仅由强子构成的模型,物态方程是很硬的[15]。2012年,Zhao 等人研究确定了相应于大质量中子星 PSR J1614-2230 的超子耦合参数的取值范围[16]。

尽管关于大质量中子星 PSR J1614-2230 人们做了许多研究工作,但是,对我们来说它是如何转变成超子星的以及何时转变成超子星的还是很神秘的。由于大质量中子星 PSR J1614-2230 的质量很大,它的性质以及它的超子星转变密度 ρ_{0H} 必然和质量较小的中子星有所不同。因此,知道大质量中子星是如何转变成超子星的以及何时转变成超子星的将会帮助我们了解较大质量中子星与较小质量中子星的区别。

本节中,我们利用相对论平均场理论并考虑到重子八重态研究了大质量中子星 PSR J1614-2230 的超子星转变密度与较小质量中子星的超子星转变密度之间的区别[17]。

3.1.2 相对论平均场理论和计算参数的选取

相对论平均场理论见第 2.1.2 节。

本节中,核子耦合参数取 GL97 参数组(见第 2.1.3 节)。

超子耦合参数 $g_{\rho\Lambda}$,$g_{\rho\Sigma}$,$g_{\rho\Xi}$ 由夸克结构的 SU(6) 对称性给出,如下:$g_{\rho\Lambda} = 0, g_{\rho\Sigma} = 2g_\rho, g_{\rho\Xi} = g_\rho$ [18]。因此,本节计算中我们选取 $x_{\rho\Lambda} = 0$,$x_{\rho\Sigma} = 2, x_{\rho\Xi} = 1$。

文献[19]表明,超子耦合参数与核子耦合参数的比值在 1/3 ~ 1 之间。因此,我们首先取 x_σ 分别等于 0.33,0.4,0.5,0.6,0.7,0.8,0.9。对于每一个参数 x_σ,参数 x_ω 分别取 0.33,0.4,0.5,0.6,0.7,0.8,0.9。通过理论计算,我们得到了对应于中子星 PSR J1614-2230 质量的参数 x_σ 和 x_ω 的取值范围为 $0.33 < x_\sigma < 0.6$ 和 $0.33 < x_\omega < 1$ [16]。因此,在我们的计算中,我们可以固定 $x_{\rho\Lambda} = 0$,$x_{\rho\Sigma} = 2$,$x_{\rho\Xi} = 1$ 和 $x_\sigma = 0.5$,而使得参数 x_ω 分别取 0.3106,0.4106,0.5106,0.6106,0.7106,0.8106 和 0.9106,用以得出较小质量中子星的质量以及较大质量中子星的质量。就我们选取的耦合参数的比值 x_σ 和 x_ω 来说,相应的超子 Λ,Σ 和 Ξ 在饱和核物质中的势阱深度列于表 3 - 1。我们的计算结果为超子的势阱

深度在 $-58\sim30$ MeV 范围之间。实验表明,Λ 超子的势阱深度为 $U_\Lambda^{(N)} = -30$ MeV[20],Σ 超子的势阱深度为 $U_\Sigma^{(N)} = -27$ MeV[21],或者 90 MeV[22],或者 $10\sim40$ MeV[23-24],Ξ 超子的势阱深度为 $U_\Xi^{(N)} = -14$ MeV[25],或者 -16 MeV[26],或者 $-24\sim-21$ MeV[27]。我们取的超子耦合参数的比 x_σ 和 x_ω 与部分的实验数据一致,例如,对于较大的参数比 x_ω 等于 0.7106,0.8106 和 0.9106;而和介子与 Λ 超子之间的相互吸引势不相符。

表 3-1 由本工作选择的耦合参数比 x_σ 和 x_ω 所计算的超子 Λ,Σ 和 Ξ 在饱和核物质中的势阱深度

x_σ	x_ω	$U_\Lambda^{(N)}$ (MeV)	$U_\Sigma^{(N)}$ (MeV)	$U_\Xi^{(N)}$ (MeV)
0.5	0.3106	-58.0943	-58.0943	-58.0943
0.5	0.4106	-43.5432	-43.5432	-43.5432
0.5	0.5106	-28.9921	-28.9921	-28.9921
0.5	0.6106	-14.4410	-14.4410	-14.4410
0.5	0.7106	0.1101	0.1101	0.1101
0.5	0.8106	14.6612	14.6612	14.6612
0.5	0.9106	29.2123	29.2123	29.2123

注:此处,参数 $x_{\rho\Lambda}=0$,$x_{\rho\Sigma}=2$ 和 $x_{\rho\Xi}=1$ 固定,核子耦合参数取 GL97 参数组。

3.1.3 大质量中子星的转变密度与小质量中子星的转变密度

图 3-1 给出了中子星质量与中心能量密度之间的关系。由图可见,随着参数 x_ω 以间隔 0.1 由 0.3106 增大到 0.9136 中子星的质量增大。相应于参数 x_ω 分别等于 0.3106,0.4106,0.5106,0.6106,0.7106,0.8106 和 0.9106 的情形,得到的中子星质量的最大值 M_{max} 分别为 1.0187 $M_\odot$,1.2490 $M_\odot$,1.4869 $M_\odot$,1.7016 $M_\odot$,1.8666 $M_\odot$,1.9700 $M_\odot$ 和 2.013 $M_\odot$(见表 3-2)。此处,中子星质量的最大值 $M_{max}=1.9700$ $M_\odot$ 表示大质量中子星 PSR J1614-2230 的质量。大质量中子星与较小质量中子星质量的差别必定导致其星体内部粒子分布的不同,而这必会更进一步导致超子星转变密度的不同。

3 大质量超子星的转变密度

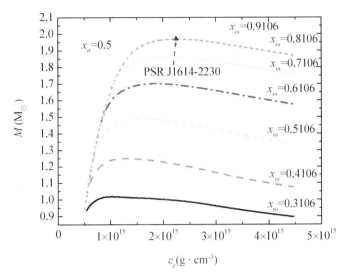

图3-1 中子星质量与中心能量密度之间的关系

表3-2 本工作计算的中子星质量

x_ω	ε_c ($\times 10^{15}$ g·cm^{-3})	M_{max} (M$_\odot$)	R (km)
0.3106	1.0442	1.018	12.941
0.4106	1.2862	1.2490	12.701
0.5106	1.5824	1.4869	12.354
0.6106	1.8425	1.7016	12.000
0.7106	2.0478	1.8666	11.672
0.8106	2.2457	1.9700	11.330
0.9106	2.4337	2.0130	10.999

注:此处,$x_{\rho\Lambda}=0$, $x_{\rho\Sigma}=2$, $x_{\rho\Xi}=1$,且 $x_\sigma=0.5$。

相对粒子数密度与重子数密度的关系如图3-2所示(三角代表超子星的转变密度 ρ_{0H})。实线曲线表示包括中子和质子的核子,虚线曲线表示包括 Λ, Σ^-, Σ^0, Σ^+, Ξ^- 和 Ξ^0 的超子。我们看到,随着重子数密度的增大,核子的相对粒子数密度减小,而超子的相对粒子数密度增加。当重子数密度取某一确定值时,核子的相对粒子数密度与超子的相对粒子数密度相等。这一重子数密度即为超子星转变密度 ρ_{0H}。当中子星重子数密度 $\rho > \rho_{0H}$ 时,超子的相对粒子数密度大于核子的相对粒子数密度,此时,中子星转变为超子星。

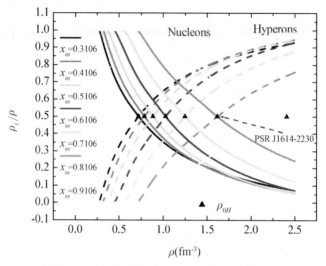

图 3 – 2　相对粒子数密度与重子数密度的关系

在图 3 – 2 中,三角表示超子星的转变密度 ρ_{0H}。我们看到,当超子与核子耦合参数的比 x_ω 由 0.3106 增大到 0.9106 时,超子星转变密度 ρ_{0H} 由 0.719 fm^{-3} 增大到 2.405 fm^{-3}(见表 3 – 3)。由图 3 – 1 可见,中子星的质量随着参数 x_ω 的增加而增大。这表明,中子星的较大质量对应于超子星的较大的转变密度 ρ_{0H}。当参数 $x_\omega = 0.5106$ 时,中子星在最大质量为 $M_{max} = 1.4869\ M_\odot$,这接近于典型中子星的质量[1],它的超子星转变密度为 $\rho_{0H} = 0.882\ fm^{-3}$。而大质量中子星 PSR J1614-2230 的转变密度为 $\rho_{0H} = 1.617\ fm^{-3}$。大质量中子星 PSR J1614-2230 的超子星转变密度大约是典型质量中子星的超子星转变密度的 2 倍。

3 大质量超子星的转变密度

表 3-3 超子星的转变密度 ρ_{0H} 以及在转变密度处的相对粒子数密度 ρ_i/ρ

x_ω	ρ_{0H}	ρ_i/ρ							
		n	p	Λ	Σ^-	Σ^0	Σ^+	Ξ^-	Ξ^0
0.3106	0.719	0.3994	0.1007	0.3827	0.0283	0.0147	0.0045	0.0696	0
0.4106	0.785	0.3901	0.1009	0.3579	0.0337	0.0185	0.0068	0.0831	0
0.5106	0.882	0.3792	0.1212	0.3272	0.0403	0.0231	0.0095	0.0995	0
0.6106	1.026	0.3667	0.1337	0.2919	0.0482	0.0286	0.0128	0.1181	0
0.7106	1.247	0.3536	0.1464	0.2535	0.0572	0.0347	0.0164	0.1382	0
0.8106	1.617	0.3417	0.1582	0.2128	0.0675	0.0411	0.0198	0.1589	0
0.9106	2.405	0.3315	0.1686	0.1682	0.0799	0.0482	0.0230	0.1802	0

注：其中，ρ_{0H} 的单位是 fm^{-3}。

在超子星的转变密度 ρ_{0H} 处的中子星的粒子组成如图 3-3，图 3-4 和表 3-3 所示。此处，$x_{\rho\Lambda}=0$，$x_{\rho\Sigma}=2$，$x_{\rho\Xi}=1$ 和 $x_\sigma=0.5$。图 3-3 和图 3-4 中的淡色曲线表示超子星转变密度 ρ_{0H}。图 3-3 和图 3-4 的较低部分表示每一核子和超子对超子星转变密度的贡献，数字 1，2，3，4，5，6，7 和 8 分别表示粒子 n，p，Λ，Σ^-，Σ^0，Σ^+，Ξ^- 和 Ξ^0。

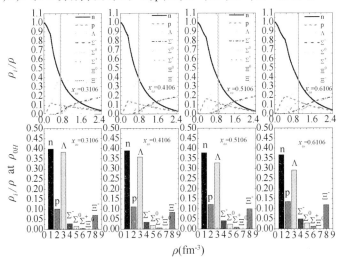

图 3-3 在超子星转变密度 ρ_{0H} 处，分别相应于情形 x_ω 分别等于 0.3106，0.4106，0.5106，0.6106 时的中子星粒子组成

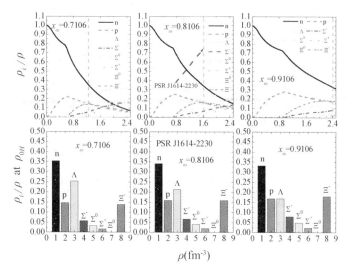

图 3-4 在超子星转变密度 ρ_{0H} 处,分别相应于情形 x_ω 分别等于 0.7106,0.8106,0.9106 时的中子星粒子组成

由图 3-3 和图 3-4 的上边部分我们看到,随着质子和超子的出现,中子数减小。这意味着一些中子转变成了超子。接下来,我们想研究当重子数密度 $\rho = \rho_{0H}$ 时粒子对超子星转变密度的贡献。

对于核子部分来说,主要成分是中子(见表 3-3)。随着参数 x_ω 由 0.3106 增大到 0.9106(即中子星质量由 1.0187 增大到 2.0130 $M_\odot$),中子的相对粒子数密度由 39.94% 减小到 33.15%,而质子的相对粒子数密度由 10.07% 增大到 16.86%。这就是说,中子星质量越大,中子的数量越少,而质子的数量越多。大质量中子星有利于中子转变为质子。

对于超子部分,主要成分是 Λ 超子和 Ξ^- 超子。随着参数 x_ω 由 0.3106 增大到 0.9106,Λ 超子的相对粒子数密度由 38.27% 减小到 16.82%,而 Ξ^- 超子的相对粒子数密度由 6.96% 增大到 18.02%,同时,中子星质量由 1.0187 $M_\odot$ 增大到 2.0130 $M_\odot$。可以看到,中子星质量越大,Λ 超子的相对粒子数密度越小,而 Ξ^- 超子的相对粒子数密度越大。中子星的大质量有利于超子 Ξ^- 的产生,但是不利于超子 Λ 的出现。另外,超子 Σ^-、Σ^0、Σ^+ 也对超子星的转变密度有贡献。随着参

数 x_ω 由 0.3106 增大到 0.9106，超子 Σ^-，Σ^0，Σ^+ 总的相对粒子数密度由 4.75% 增大到 15.11%。对于超子 Ξ^0，它对超子星转变密度没有贡献。

3.1.4 小结

本节利用相对论平均场理论并考虑重子八重态计算研究了大质量中子星 PSR J1614-2230 的超子星转变密度与较小质量中子星的超子星转变密度的区别。我们看到，随着参数 x_ω 的增大，中子星质量增大，其相应的超子星转变密度也增大。对于核子部分来说，中子对超子星的转变密度做出了主要贡献。随着参数 x_ω 由 0.3106 增大到 0.9106（即中子星最大质量由 1.0187 $M_\odot$ 增大到 2.0130 $M_\odot$），中子的相对粒子数密度由 39.94% 减小到 33.15%，而质子的相对粒子数密度由 10.07% 增大到 16.86%。对于超子部分来说，主要组成部分是超子 Λ 和 Ξ^-。随着参数 x_ω 由 0.3106 增大到 0.9106，即中子星最大质量由 1.0187 $M_\odot$ 增大到 2.0130 $M_\odot$，Λ 超子的相对粒子数密度由 38.27% 减小到 16.82%，而 Ξ^- 超子的相对粒子数密度 6.96% 增大到 18.02%。对于超子 Σ^-，Σ^0，Σ^+ 来说，其总的相对粒子数密度的贡献不超过 16%。

3.2 大质量中子星 PSR J0348 + 0432 的转变密度研究

3.2.1 引言

2013 年天文学上的一个重要事件是发现了大质量中子星 PSR J0348 + 0432。该中子星是具有 2.01 ± 0.04 $M_\odot$ 质量的脉冲星，其轨道周期为 2.46 小时，且拥有一个质量为 (0.172 ± 0.003) $M_\odot$ 的白矮星作为伴星[28]。大质量中子星 PSR J0348 + 0432 或许是迄今为止质量最大的中子星。中子星的质量相关于伽马射线暴、引力波的辐射、周期性的毫秒无线电信号和月长的 X 射线爆发[29]。因此，如何从理论上描述大质量中子星 PSR J0348 + 0432 对天体物理来说是一件非常重要的工作。

对称能[2]、核子物态方程的密度依赖性以及超子介子的耦合都将影响计算的中子星的最大质量[30]。利用相对论平均场理论可以计算中子星质量，当考虑重子八重态时确定的中子星质量范围是 1.5 ~ 1.97 $M_\odot$；但是，当考虑中子星仅含有核子时中子星质量可以达到 2.36 $M_\odot$[16,19,31-32]或者大约 2.8 $M_\odot$[33]。但是，当考虑超子并且选择合适的超子耦合参数时,中子星的最大质量也可以达到 2.25 $M_\odot^{[34]}$。显然,中子星中的超子将会减小中子星质量。

中子星是高密度物体,它的质量依赖于它的内部由什么粒子组成[1]。对于中子星来说,越靠近它的中心,重子数密度就会越大。随着重子数密度的增大,中子的化学势将增大。当中子的化学势超过超子的质量时,这种超子就产生了。超子星是这样的一种中子星,在它的内部由核子转化而来的超子数密度大于核子的数密度[2]。这时的重子数密度称为超子星的转变密度[4]。对我们而言,大质量中子星 PSR J0348+0432 可否转变为超子星是一个非常令人感兴趣的问题。

中子星的质量对于核子耦合参数非常敏感[35]。迄今,有很多组核子耦合参数用于中子星性质的计算工作,其中之一就是 GL85 参数组[2]。计算表明,GL85 核子耦合参数组可以很好地描述中子星的性质。

中子星的质量对于超子耦合参数也很敏感[16]。在一些计算中,超子耦合参数可以夸克结构的 SU(6) 对称性来选取,或者,介子 ρ 和 ω 的超子耦合参数由 SU(6) 对称性来选取,而 σ 介子的耦合参数通过拟合超子 Λ、Σ 和 Ξ 在饱和核物质中的势阱深度来求得。计算结果表明,超子耦合参数与核子耦合参数的比值在 $1/3 \sim 1$ 之间[19]。

很明显,如果我们考虑中子星内部含有超子,那么,通过选择合适的核子耦合参数(即选择那些压缩模量比较大的核子耦合参数,这样的参数将给出较硬的中子星物质的物态方程)和超子耦合参数是有可能计算得到大质量中子星 PSR J0348+0432 的质量的。

本节中,我们利用相对论平均场理论考虑重子八重态计算研究大质量中子星 PSR J0348+0432 可否转变为超子星。

3.2.2 相对论平均场理论、中子星质量和参数的选取

相对论平均场理论见第 2.1.2 节,计算中子星质量和半径的 TOV 方程见式(1-80)和式(1-90)。

在我们的过去工作中[37],我们计算中子星质量时认为它只包含有核子,没有考虑超子自由度。对应于不同的核子耦合参数,例如,CZ11[38]、DD-MEI[39]、GL85[2]、GL97[5]、NL1[40]、NL2[40]、NLSH[41]、TM1[42]和 TM2[42],我们计算得到的中子星最大质量分别为

3 大质量超子星的转变密度

1.9702 $M_\odot$,2.8152 $M_\odot$,2.1432 $M_\odot$,2.0177 $M_\odot$,2.8278 $M_\odot$,2.6117 $M_\odot$,3.4189 $M_\odot$,2.5777 $M_\odot$和2.6695 $M_\odot$。

我们知道,当考虑中子星内部的超子自由度时,中子星的最大质量将减小。因此,对于核子耦合参数组 CZ11(中子星最大质量为1.9702 $M_\odot$,不考虑超子)和核子耦合参数组 GL97(中子星最大质量为2.0177 $M_\odot$,不考虑超子),考虑超子时计算得到的中子星质量的最大值与不考虑超子时相比有所减小,因此,这两组核子耦合参数组很可能不能够给出大质量中子星 PSR J0348+0432 的质量(2.01 $M_\odot$)。对于其他的核子耦合参数组,仅仅考虑核子时计算的中子星的最大质量比中子星 PSR J0348+0432 的质量(2.01 $M_\odot$)大很多。因此,我们可以假定当考虑超子时计算的中子星质量的最大值仍然会大于该大质量中子星的质量。对于核子耦合参数组 GL85,仅仅考虑核子时计算所得的中子星最大质量为2.1432 $M_\odot$,它比大质量中子星 PSR J0348+0432 的质量2.01 $M_\odot$大得不太多。如此看来,在上述所有核子耦合参数组中,选择GL85 核子耦合参数组来计算拟合大质量中子星 PSR J0348+0432 的质量(2.01 $M_\odot$)或许是合理的。

最近的关于核子有效相互作用的研究给出了一个 1.94 $M_\odot$ 的中子星最大质量[43],这对应于只考虑核子时的核物质情形,并且,它得出的中子星最大质量小于大质量中子星 PSR J0348+0432 的质量。但是,这仍然不能给出中子星 PSR J0348+0432 的质量(2.01 $M_\odot$)。

所以,本节中我们选择 GL85 核子耦合参数组来计算耦合大质量中子星 PSR J0348+0432 的质量[2](见第 2.2.2 节)。

根据夸克结构的 SU(6) 对称性。我们选择 $x_{\rho\Lambda}=0$, $x_{\rho\Sigma}=2$, $x_{\rho\Xi}=1$[44]。超子在饱和核物质中的势阱深度为 $U_\Lambda^{(N)}=-30$ MeV[45], $U_\Sigma^{(N)}=10\sim40$ MeV[46-49] 和 $U_\Xi^{(N)}=-18$ MeV[50]。本节中,我们选择 $U_\Lambda^{(N)}=-30$ MeV, $U_\Sigma^{(N)}=40$ MeV 和 $U_\Xi^{(N)}=-18$ MeV。超子耦合参数与核子耦合参数的比值 $x_{\sigma h}$ 和 $x_{\omega h}$ 之间的关系见第 2.2.2 节。

对于参数 $x_{\sigma h}$,我们选择 $x_{\omega h}$ 分别等于 0.4,0.5,0.6,0.7,0.8,0.9,1.0。对于每一个 $x_{\sigma h}$,我们首先分别选择 $x_{\sigma h}$ 等于 0.4,0.5,0.6,0.7,0.8,0.9,1.0。然后,在超子势阱深度的限制下再对它做微小的调节。

拟合于超子势阱深度实验数据的超子耦合参数与核子耦合参数的比值列于表 3-4。

表 3-4 拟合于超子势阱深度实验数据的超子耦合参数与核子耦合参数的比值

$x_{\sigma\Lambda}$	$x_{\omega\Lambda}$	$x_{\sigma\Sigma}$	$x_{\omega\Sigma}$	$x_{\sigma\Xi}$	$x_{\omega\Xi}$
0.4	0.3679	0.4	0.825	0.4	0.4464
0.5	0.5090	0.5	0.966	0.5	0.5874
0.6	0.6500			0.6	0.7284
0.7	0.7909			0.7	0.8693
0.8	0.9319				

注:此处,超子势阱深度分别为 $U_\Lambda^{(N)} = -30$ MeV, $U_\Sigma^{(N)} = +40$ MeV 和 $U_\Xi^{(N)} = -18$ MeV。

计算结果表明,正的 Σ 超子势阱深度将抑制该超子的产生[35],因此我们可以推知,参数 $x_{\sigma\Sigma}$ 和 $x_{\omega\Sigma}$ 几乎对中子星的质量没有什么影响。故,我们仅仅选择 $x_{\sigma\Sigma} = 0.4$ 和 $x_{\omega\Sigma} = 0.825$,而参数 $x_{\sigma\Sigma} = 0.5$ 和 $x_{\omega\Sigma} = 0.966$ 可以不再考虑。我们这样做对于中子星最大质量的计算应该不会产生太大的影响。这样,我们可以从表 3-4 各列($x_{\sigma\Lambda}, x_{\omega\Lambda}, x_{\sigma\Sigma} = 0.4, x_{\omega\Sigma} = 0.825$ 和 $x_{\sigma\Xi}, x_{\omega\Xi}$)中依次取一个数值组成 20 组超子耦合参数,分别命名为 No.01, No.02, ⋯, No.20。

利用每一组超子耦合参数,我们计算出中子星的质量来。我们看到,只有参数组 No.19($x_{\sigma\Lambda} = 0.8, x_{\omega\Lambda} = 0.9319; x_{\sigma\Sigma} = 0.4, x_{\omega\Sigma} = 0.825; x_{\sigma\Xi} = 0.6, x_{\omega\Xi} = 0.7284$)和参数组 No.20($x_{\sigma\Lambda} = 0.8, x_{\omega\Lambda} = 0.9319; x_{\sigma\Sigma} = 0.4, x_{\omega\Sigma} = 0.825; x_{\sigma\Xi} = 0.7, x_{\omega\Xi} = 0.8693$)能够给出大质量中子星 PSR J0348+0432 的质量(如图 3-5 所示)。表 3-5 给出了本工作中对每一模型所计算的中心重子数密度 ρ_c 和相应的超子星转变密度 ρ_{0H}。接下来,我们将利用超子耦合参数组 No.19 和 No.20 来描述大质量中子星 PSR J0348+0432。另外,对于超子耦合参数组 No.01 到 No.04,常数($x_{\sigma\Lambda} = 0.4, x_{\omega\Lambda} = 0.3679; x_{\sigma\Sigma} = 0.4, x_{\omega\Sigma} = 0.825$)是一样的,但是常数 $x_{\sigma\Xi}$ 和 $x_{\omega\Xi}$ 却分别为($x_{\sigma\Xi} = 0.4, x_{\omega\Xi} = 0.4464$),($x_{\sigma\Xi} = 0.5, x_{\omega\Xi} = 0.5874$),($x_{\sigma\Xi} = 0.6, x_{\omega\Xi} = 0.7284$),($x_{\sigma\Xi} = 0.7, x_{\omega\Xi} = 0.8693$)。这 4 组超子耦合参数组都给出相同的中子星最大质量

1.4843 $M_\odot$,我们称之为 NS1.4 $M_\odot$,并且在以下的讨论中,我们选择它作为比较。

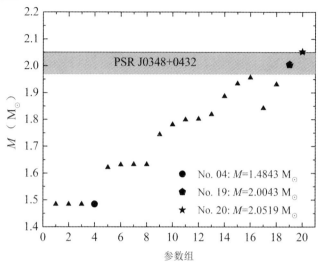

图 3-5 本工作中计算的中子星最大质量

表 3-5 本工作中,对每一模型所计算的中心重子数密度 ρ_c 和相应的超子星转变密度 ρ_{0H}

No.	ρ_c (fm^{-3})	ρ_{0H} (fm^{-3})	No.	ρ_c (fm^{-3})	ρ_{0H} (fm^{-3})
01	0.698	0.668	11	0.889	0.761
02	0.696	0.668	12	0.904	0.77
03	0.696	0.668	13	0.812	0.805
04	0.696	0.668	14	0.868	0.819
05	0.764	0.683	15	0.905	0.85
06	0.8	0.697	16	0.932	0.895
07	0.81	0.699	17	0.805	0.901
08	0.81	0.699	18	0.856	0.942
09	0.805	0.725		0.9	1.002
10	0.852	0.739		0.925	1.112

由 TOV 方程也可以算出中子星半径,考虑到超子也会对中子星半

径产生影响,例如,当选择超子耦合参数组 No.19 和 No.20 时,半径和质量的关系示于图 3-6。我们看到,当不考虑超子时这两组耦合参数给出的中子星质量是相同的。当考虑超子时,超子耦合参数组 No.19 给出的半径为 R = 12.169 km,而超子耦合参数组 No.20 给出的半径为 R = 11.967 km。由参数组 No.19 给出的半径为 12.169 km,比参数组 No.20 给出的半径要大。

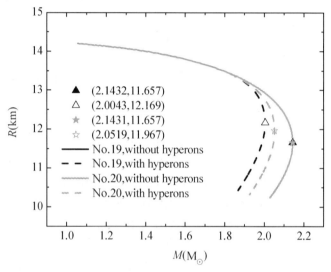

图 3-6 本工作中计算的中子星半径和质量

3.2.3 中子星向超子星的转变

图 3-7 给出了重子相对粒子数密度与重子数密度的关系。在我们的计算中,重子数密度的范围是 $0 \sim 1.6$ fm^{-3}。但是,在这样的重子数密度范围内并不全部表示真实中子星内部的情况。实际上,当重子数密度很大时,它已经超过中子星中心重子数密度了,因此,这些重子数密度并不描述真实的中子星。由表 3-5 我们看到,在我们的计算中,超子耦合参数组 No.19 给出的大质量中子星 PSR J0348+0432 的中心重子数密度为 ρ_{c19} = 0.9 fm^{-3},而超子耦合参数组 No.20 给出的中心重子数密度为 ρ_{c20} = 0.925 fm^{-3} (No.20)。因此,由图 3-7 我们看到,在大质量中子星 PSR J0348+0432 的内部,对超子耦合参数组 No.19 来说有五种重子(n,p,Λ,Ξ^- 和 Ξ^0),而对于超子耦合参数组 No.20 有四

种重子(n,p,Λ 和 Ξ⁻)。但是,对于超子耦合参数组 No.01~No.04 来说,中子星 NS1.4 $M_\odot$ 的中心重子数密度 $\rho_{c20} = 0.696$ fm^{-3},在它的内部有三种重子:n,p 和 Λ。由我们的计算结果还可以看到,无论是在大质量中子星 PSR J0348 +0432 内部还是在中子星 NS1.4 $M_\odot$ 内部,超子 Σ⁻,Σ⁰ 和 Σ⁺ 均不出现。然而,对中子星 NS1.4 $M_\odot$ 来说,在它内部超子 Ξ⁻ 和 Ξ⁰ 也不出现。

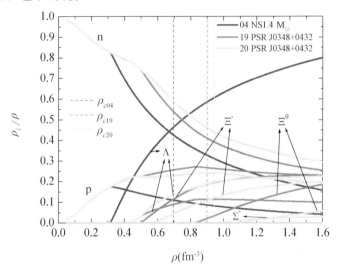

图 3 -7 重子的相对粒子数密度与重子数密度的关系

本工作中我们计算的超子星转变密度由图 3 -8 给出。我们看到,对于超子耦合参数组 No.19 来说大质量中子星 PSR J0348 +0432 的超子星转变密度为 $\rho_{0H19} = 1.002$ fm^{-3},而对于超子耦合参数组 No.20 来说大质量中子星 PSR J0348 +0432 的超子星转变密度为 $\rho_{0H20} = 1.112$ fm^{-3}。超子耦合参数组 No.19 给出的大质量中子星 PSR J0348 +0432 的中心重子数密度为 $\rho_{c19} = 0.9$ fm^{-3},而超子耦合参数组 No.20 给出的大质量中子星 PSR J0348 +0432 的中心重子数密度为 $\rho_{c20} = 0.925$ fm^{-3}。对前两种情形而言,超子星转变密度均大于相应的中心重子数密度。因此,根据我们的定义,大质量中子星 PSR J0348 +0432 不能转变为超子星,我们关于超子星转变密度的计算仅具有理论上的意义。

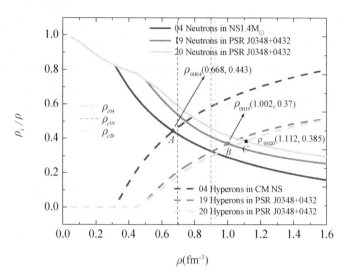

图 3-8 本工作中由超子耦合参数组 No.4, No.19 和 No.20 计算的超子星转变密度

对于超子耦合参数组 No.04，它所给出的中子星转变密度是 ρ_{0H04} = 0.668 fm^{-3}，它所给出的中心重子数密度为 ρ_{c04} = 0.696 fm^{-3}。超子耦合参数组 No.01, No.02, No.03 和 No.04 都给出相同的中子星最大质量 M = 1.4843 $M_\odot$，相应的半径均为 R = 13.245 km。因此，我们可以认为，超子耦合参数组 No.01, No.02 和 No.03 给出的超子星转变密度 ρ_{0H04} 和中心重子数密度 ρ_{c04} 与参数组 No.04 给出的值相同。所以，我们可以得出结论，对中子星 NS1.4 $M_\odot$ 来说，它的超子星转变密度及它的中心重子数密度也分别是 ρ_{0H04} = 0.668 fm^{-3} 和 ρ_{c04} = 0.696 fm^{-3}。由于 NS1.4 $M_\odot$ 的超子星转变密度 ρ_{0H04} < ρ_{c04}，故中子星 NS1.4 $M_\odot$ 能够转变为超子星。

由超子耦合参数组 No.5 计算的中子星最大质量为 M_{max} = 1.6217 $M_\odot$，其相应的半径为 R = 12.975 km。由于它与超子耦合参数组 No.01 ~ No.04 得出的中子星最大质量和相应半径结果不同，我们可以据此得出结论，由超子耦合参数组 No.05 计算的超子星转变密度必和参数组 No.01 ~ No.04 得出的结果不同。

图 3-9 给出了由超子耦合参数组 No.1 ~ No.20 计算的超子星转

变密度。图中,实线曲线表示超子星转变密度,虚线曲线表示中心重子数密度。对于超子耦合参数组 No.01～No.16 的情形,超子星转变密度 ρ_{0H} 都比中心重子数密度 ρ_c 小。因此,对这 16 种情况,在其各自的超子星转变密度 ρ_{0H} 处都可以转变为超子星。但是,对于超子耦合参数组 No.17,No.18 和大质量中子星 PSR J0348+0432(No.19 和 No.20),超子星转变密度 ρ_{0H} 都大于其各自的中心重子数密度 ρ_c。所以,对这 4 种情形,中子星不能转变为超子星。对于真实的中子星来说,这些超子星转变密度是不存在的。

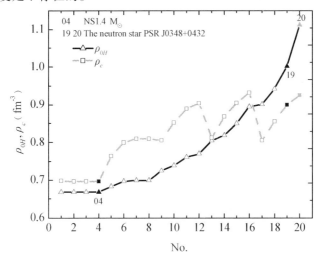

图 3-9 本工作中计算的超子星转变密度

3.2.4 超子星转变密度或者中心重子数密度处的粒子组成

由超子耦合参数 No.04 计算的超子星转变密度为 ρ_{0H} = 0.668 fm^{-3}。对于超子耦合参数 No.19 和 No.20 的情形,中子星不能够转变为超子星。即便如此,我们还是想知道在它们的中心重子数密度处它是由什么粒子组成的。因此,接下来我们将研究中子星 NS1.4 $M_\odot$ (No.04) 和大质量中子星 PSR J0348+0432 在下述重子数密度处的粒子组成: $\rho=0.5\ fm^{-3}$, $\rho=\rho_{0H04}=0.668\ fm^{-3}$, $\rho=\rho_{c04}=0.696\ fm^{-3}$, $\rho=\rho_{c19}=0.9\ fm^{-3}$ 和 $\rho=\rho_{c20}=0.925\ fm^{-3}$。

在重子数密度 $\rho=0.5\ fm^{-3}$ 处的各重子的相对粒子数密度如图 3-

10 所示。横坐标表示重子的种类:1 表示中子 n,2 表示质子 p,3 表示 Λ 超子,4 表示 Σ^- 超子,5 表示 Σ^0 超子,6 表示 Σ^+ 超子,7 表示 Ξ^- 超子以及 8 表示 Ξ^0 超子。纵坐标表示各种重子的相对粒子数密度。当重子数密度 $\rho = 0.5\ \text{fm}^{-3}$ 时,对中子星 NS1.4 $M_\odot$(No.04)来说,中子的相对粒子数密度为 57.8%,而超子的相对粒子数密度为 28.03%;对于大质量中子星 PSR J0348+0432 来说,中子和超子的相对粒子数密度分别为 74.1% 和 3.46%(No.19)或者为 74.2% 和 3.41%(No.20)。对所有的这三种情况来说,大质量中子星 PSR J0348+0432 和中子星 NS1.4 $M_\odot$ 都是主要由中子组成,并且,它们还没有转变成超子星。

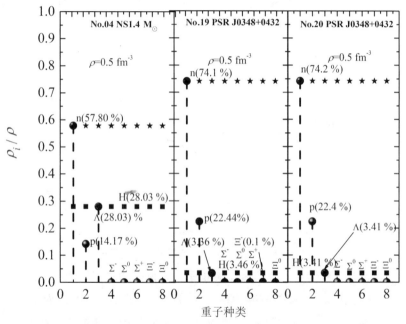

图 3-10 在重子数密度 $\rho = 0.5\ \text{fm}^{-3}$ 处的各重子的相对粒子数密度

图 3-11 给出了当重子数密度 $\rho = 0.668\ \text{fm}^{-3}$ 重子的相对粒子数密度。由图 3-11 我们可以看到,重子数密度 $\rho = 0.668\ \text{fm}^{-3}$ 为中子星 NS1.4 $M_\odot$ 的超子星转变密度 ρ_{0H04}。当重子数密度 $\rho = \rho_{0H04} = 0.668\ \text{fm}^{-3}$ 时,对中子星 NS1.4 $M_\odot$(No.04)来说,中子和超子的相对粒子数密度均等于 44.3%。此时,中子星 NS1.4 $M_\odot$ 开始转变为超子星;超子部分仅仅由 Λ 超子组成,其相对粒子数密度为 44.3%。而对于大质量中子

星 PSR J0348+0432,超子耦合参数 No.19 给出的中子和超子的相对粒子数密度分别为 56.2% 和 18.5%,超子耦合参数 No.20 给出的中子和超子的相对粒子数密度分别为 61.2% 和 16%。这意味着大质量中子星 PSR J0348+0432 主要由中子组成,此时它还没有转变为超子星。

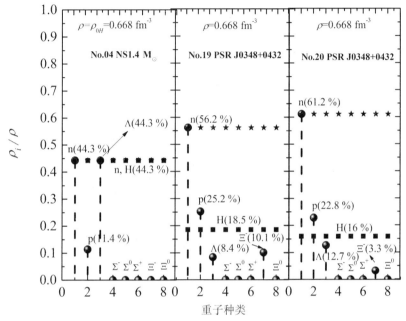

图 3-11 当重子数密度 ρ =0.668 fm^{-3} 重子的相对粒子数密度

图 3-12 给出了超子耦合参数 No.04,No.19 和 No.20 计算的中子星在中心重子数密度处的粒子组成。在超子耦合参数 No.04 计算的中子星 NS1.4 M$_\odot$ 的中心重子数密度 ρ_{c04} =0.696 fm^{-3} 处,中子和超子的相对粒子数密度分别为 42.6% 和 46.4%。超子部分只包含 Λ 超子,超子数的比例只比中子数的比例稍微大一点。这说明中子星 NS1.4 M$_\odot$ 已经刚刚转变成超子星了。

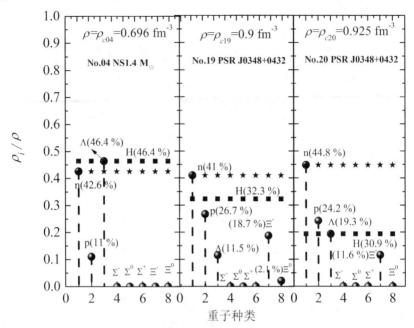

图 3-12 超子耦合参数 No.04, No.19 和 No.20 计算的
中子星中心重子数密度处各重子的相对粒子数密度

对于超子耦合参数 No.19 计算的大质量中子星 PSR J0348+0432,在其中心 $\rho_{c19} = 0.9 \text{ fm}^{-3}$ 处中子和超子的相对粒子数密度分别为 41% 和 32.3%。在这种情形下,超子部分主要由 Λ 超子(相对粒子数密度为 11.5%),Ξ^- 超子(相对粒子数密度为 18.7%)和少量的 Ξ^0 超子(相对粒子数密度为 2.1%)构成。对于由超子耦合参数 No.20 计算的大质量中子星 PSR J0348+0432,在其中心 $\rho_{c20} = 0.925 \text{ fm}^{-3}$ 处,中子和超子的相对粒子数密度分别为 44.8% 和 30.9%。此处,超子部分主要由 Λ 超子(相对粒子数密度为 19.3%)和超子 Ξ^-(相对粒子数密度为 11.6%)构成,而超子 Ξ^0 却不存在。对于前述的超子耦合参数 No.19 和 No.20 两种情形,在中子星中心重子数密度处中子的相对粒子数密度都比超子的相对粒子数密度大一些。这意味着大质量中子星不能转变为超子星。

3.2.5 小结

本节中,利用相对论平均场理论考虑重子八重态通过选择合适的

3 大质量超子星的转变密度

超子耦合参数计算研究了大质量中子星 PSR J0348+0432 的超子星转变密度 ρ_{0H}。研究发现,对于超子耦合参数 No.19 和 No.20,在中子星中心重子数密度处中子的相对粒子数密度大于超子的相对粒子数密度,因此大质量中子星 PSR J0348+0432 不能够转变为超子星。在大质量中子星 PSR J0348+0432 的中心处超子部分主要由 Λ 超子,Ξ^- 超子和少量的 Ξ^0 超子组成。

我们也看到,具有中等质量的中子星 NS1.4 $M_\odot$ 能够转变为超子星。中子星 NS1.4 $M_\odot$ 的超子星转变密度为 $\rho = \rho_{0H04} = 0.668 \text{ fm}^{-3}$。在该处,超子部分仅由 Λ 超子组成,其相对粒子数密度为 44.3%。在由超子耦合参数 No.04 计算的中子星 NS1.4 $M_\odot$ 的中心重子数密度 $\rho_{c04} = 0.696 \text{ fm}^{-3}$ 处,中子和超子的相对粒子数密度分别为 42.6% 和 46.4%。在该处超子主要由 Λ 超子构成,超子的相对粒子数密度比中子的相对粒子数密度稍微大一些。这表明,中子星 NS1.4 $M_\odot$ 可以转变为超子星。

上述计算结果表明,超子耦合参数 No.04 计算的中子星最大质量大约为 1.4 $M_\odot$,它能够转变为超子星,而超子耦合参数 No.19 和 No.20 计算的中子星最大质量超过 2.0 $M_\odot$,它们不能够转变为超子星。这是因为,和中子星 NS1.4 $M_\odot$ 相比,大质量中子星内部含有的中子比超子多。

迄今为止,尚无直接的天文观测表明超子星的确存在。我们的计算结果完全来自于相对论平均场理论方法和耦合常数的选取。这种方法并非绝对正确的理论,它尚有改进和发展的余地。

参考文献

[1] GLENDENNING N K. Compact Stars:Nuclear Physics,Particle Physics,and General Relativity[M]. New York:Springer-Verlag,1997.

[2] GLENDENNING N K. Neutron stars are giant hypernuclei? [J]. The Astrophysical Journal,1985(293):470-493.

[3] JIA H Y. SUN B X. MENG J. et al. How and why will a neutron star become a hyperon star? [J]. Chinese Physics Letters,2001,18(12):1571-1574.

[4] ZHAO X F. ZHANG H. Effect of the mesons σ and Φ and the variety of $U_\Sigma^{(N)}$ on the transition density of hyperon stars[J]. Chinese Physics C,2010,34(11):1704 - 1708.

[5] DEMOREST P B,PENNUCCI T,RANSOM S M,et al. A two-solar-mass neutron star measured using Shapiro delay[J]. Nature,2010,467(7319):1081 - 1083.

[6] MASSOT é,MARGUERON J,CHANFRAY G. On the maximum mass of hyperonic neutron star[J]. Europhysics Letters,2012,97(3):39002.

[7] WEISSENBORN S,CHATTERJEE D,SCHAFFNER-BIELICH J. Hyperons and massive neutron star: vector repulsion and SU(3) symmetry[J]. Physical Review C, 2012,85(6):065802.

[8] MASUDA K,HATSUDA T,TAKATSUKA T. Hadron-quark crossover and massive hybrid stars with strangeness[J]. The Astrophysical Journal,2013,764(1):12.

[9] WHITTENBURY D. Neutron star properties with hyperons[C/OL]// Proceedings of the XII International Symposium on Nuclei in the Cosmos (NIC XII), Cairns, Australia, August 5 - 12, 2012. http://pos. sissa. it/cgi - bin/reader/conf. cgi? confid = 146.

[10] MALLICK R. Maximum mass of a hybrid star having a mixed phase region in the light of pulsar PSR J1614-2230[J]. Physical Review C,2013,87(2):025804.

[11] BEDNAREK I,HAENSEL P,ZDUNIK J L,et al. Hyperons in neutron-star cores and a 2 M_{sun} pulsar[J]. Astronomy & Astrophysics,2012(543):A157.

[12] KATAYAMA T,MIYASU T,SAITO K. EoS for massive neutron star[J]. The Astrophysical Journal Supplement,2012,203(2):22.

[13] WEISSENBORN S, CHATTERJEE D, SCHAFFNER-BIELICH J. Hyperons and massive neutron stars: the role of hyperon potentials[J]. Nuclear Physics A,2012 (881):62 - 77.

[14] JIANG W Z,LI B A,CHEN L W. Large-mass neutron stars with hyperonization[J]. The Astrophysical Journal,2012,756(1):56.

[15] CHAMEL N,FANTINA A F,PEARSON J M,et al. Phase transitions in dense matter and the maximum mass of neutron stars[J]. Astronomy & Astrophysics,2013 (553):A22.

[16] ZHAO X F,JIA H Y. Mass of the neutron star PSR J1614-2230[J]. Physical Review C,2012(85):065806.

[17] ZHAO X F,JIA H Y. The transition density of the large mass hyperon star[J]. Chi-

3 大质量超子星的转变密度

nese Physics C,2014,38(1):015101.

[18] SCHAFFNER J, MISHUSTIN I N. Hyperon-rich matter in neutron stars[J]. Physical Review C,1996(53):1416 - 1429.

[19] GLENDENNING N K, MOSZKOWSKI S A. Reconciliation of neutron-star masses and binding of the Lambda in hypernuclei[J]. Physical Review Letters,1991(67): 2414 - 2417.

[20] TAN Y H, SUN B X, LI L, et al. Effect of mesons $f_0(975)$ and $\Phi(1020)$ and variety of $U_\Xi^{(N)}$ on properties of neutron star matter[J]. Communication Theoretical Physics,2004(41):441 - 446.

[21] Dover C B, Millener D J, Gal A. On the production and spectroscopy of Σ hypernuclei[J]. Physics Reports,1989(184):1 - 97.

[22] FRIEDMAN E, GAL A. In-medium nuclear interactions of low-energy hadrons [J]. Physics Reports,2007(452):89 - 153.

[23] BATTY C J, FRIEDMAN E, GAL A. Density dependence of the Σ nucleus optical potential derived from Σ^- atom data[J]. Physics Letters B,1994(335):273 - 278.

[24] BART S, CHRIEN R E, FRANKLIN W A, et al. Σ Hyperons in the Nucleus[J]. Physical Review Letters,1999(83):5238 - 5241.

[25] KHAUSTOV P, ALBURGERL D E, BARNES P D. et al. Evidence of Ξ hypernuclear production in the $^{12}C(K?,K^+)^{12}_\Xi Be$ reaction [J]. Physical Review C,2000(61):054603.

[26] FUKUDA T, HIGASHI A, MATSUYAMA Y. et al. Cascade hypernuclei in the (K^-, K^+) reaction on ^{12}C[J]. Physical Review C,1998,58(2):1306 - 1309.

[27] DOVER C B, GAL A. Hypernuclei[J]. Annal Physics,1983(146):309 - 348.

[28] ANTONIADIS J, FREIRE P C C, WEX N, et al. A Massive Pulsar in a Compact Relativistic Binary[J]. Science,2013,340(6131):448.

[29] ÖZEL F, PSALTIS D, RANSOM S, et al. The massive pulsar PAR J0348 + 0432: Linking quantum chromodynamics, gamma-ray bursts, and gravitational wave astronomy[J]. The Astrophysical Journal Supplement,2010(724):L199 - L202.

[30] CAVAGNOLI R, MENEZES D P, PROVIDêNCIA C. Neutron star properties and the symmetry energy[J]. Physical Review C,2011,84(6):065810.

[31] PROVIDêNCIA C, RABHI A. Interplay between the symmetry energy and the strangeness content of neutron stars[J]. Physical Review C,2013,87(5):055801.

[32] BOMBACI I, PANDA P K, PROVIDêNCIA C, et al. Metastability of hadronic com-

pact stars[J]. Physical Review D,2008,77(8):083002.

[33] FATTOYEV F J,PIEKAREWICZ J. Relativistic models of the neutron-star matter equation of state[J]. Physical Review C,2010,82(2):025805.

[34] COLUCCI G,SEDRAKIAN A. Equation of state of hypernuclear matter: Impact of hyperon-scalar-meson couplings[J]. Physical Review C,2013,87(5):055806.

[35] ZHAO X F. Constraining the gravitational redshift of a neutron star from the Σ-meson well depth[J]. Astrophysics and space science,2011(332):139 - 144.

[36] ZHAO X F. The Hyperons in the Massive Neutron Star PSR J0348 +0432[J]. Chinese Journal of Physics,2015,53(6):1 - 14.

[37] ZHAO X F,DONG A J. JIA H Y. The mass calculations for the neutron star PSR J1614-2230[J]. Acta Physica Polonica B,2012,43(8):1783 - 1789.

[38] ZHAO X F. Constraining the surface gravitational redshift of proto neutron stars with new nucleon coupling constants[J]. International Journal of Theoretical Physics, 2011,50(9):2951 - 2960.

[39] TYPEL S,WOLTER H H. Relativistic mean field calculations with density-dependent meson-nucleon coupling [J]. Nuclear Physics A,1999(656):331 - 364.

[40] Suk-Joon L,Fink J,Balantekin A B. Strayer M R. Umar A S. Reinhard P G. Maruhn J A. Greiner A W. Relativistic Hartree calculations for axially deformed nuclei[J]. Physical Review Letters,1986(57):2916 - 2919.

[39] SHARMA M M,NAGARAJAN M A,RING P. Rho meson coupling in the relativistic mean field theory and description of exotic nuclei[J]. Physics Letter B,1993,312(4):377 - 381.

[42] SUGAHARA Y,TOKI H. Relativistic mean field theory for lambda hypernuclei and neutron stars[J]. Progress of Theoretical Physics,1994,92(4):803 - 813.

[43] FATTOYEV F J,HOROWITZ C J,PIEKAREWICZ J,et al. Relativistic effective interaction for nuclei, giant resonances, and neutron stars[J]. Physical Review C, 2010,82(5):055803.

[44] SCHAFFNER J,MISHUSTIN I N. Hyperon-rich matter in neutron stars[J]. Physical Review C,1996(53):1416 - 1429.

[45] BATTY C J,FRIEDMAN E,GAL A. Strong interaction physics from hadronic atoms [J]. Physics Reports,1997(287):385 - 445.

[46] KOHNO M, FUJIWARA Y, WATANABE Y, et al. Semiclassical distorted-wave model analysis of the $(\pi^-,K^+)\Sigma$ formation inclusive spectrum[J]. Physical Re-

view C,2006,74:064613.

[47] HARADA T, HIRABAYASHI Y. Is the Σ nucleus potential for Σ atoms consistent with the $Si^{28}(\pi,K)$ data? [J]. Nuclear Physics A,2005,759(1-2):143-169.

[48] HARADA T, HIRABAYASHIU Y. Σ production spectrum in the inclusive (π,K) reaction on ^{209}Bi and the Σ - nucleus potential[J]. Nuclear Physics A,2006(767): 206-217.

[49] FRIEDMAN E, GAL A. In-medium nuclear interactions of low - energy hadrons [J]. Physics Reports,2007(452):89-153.

[50] SCHAFFNER-BIELICH J, Gal A. Properties of strange hadronic matter in bulk and in finite systems[J]. Physical Review C,2000(62):034311.

4 大质量中子星的转动惯量

4.1 大质量中子星 PSR J0348 + 0432 的转动惯量研究

4.1.1 引言

2013 年,Antoniadis 等人观测到大质量中子星 PSR J0348 + 0432,该中子星是一颗质量为 $(2.01 \pm 0.04) M_\odot$ 的脉冲星,其自旋周期为 39 ms,轨道周期为 2.46 h,还有一颗质量为 $(0.172 \pm 0.003) M_\odot$ 的白矮星作为伴星[1]。它具有极高的旋转速度,或许是迄今为止质量最大的中子星。因此,如何从理论上来描述它的质量和它的转动性质对于天体物理来说是很重要的一件事情。

1991 年,Overgard 等人研究了天体物理学夸克物质的三种模型。假定 Einstein 的引力理论是成立的,他们计算了夸克星的质量、半径和转动惯量[2]。1994 年,仅仅根据质量和半径,Bao 等人给出了中子星的转动惯量的近似值,并且通过研究中子星的转动惯量检查了相对论结构方程的行为[3]。

2000 年,Kalogera 等人计算了慢旋转中子星(这类中子星显示了千赫兹准周期振荡)的质量、半径和转动惯量的新的最优界限(简称 QPOs)[4]。考虑到 Crab 脉冲星的限制,Bejger 等人于 2002 年研究了中子星和奇异星的转动惯量[5]。Lattimer 等人和 Bejger 等人于 2005 年[6-7],Morrison 等人于 2014 年[8]估计了中子星 PSR J0737-3039A 转动惯量的测量结果对物态方程的限制。

2007 年,Wen 等人计算了旋转中子星的惯性系拖曳效应对中子

4 大质量中子星的转动惯量

转动惯量和半径的影响[9]。2008 年,Aaron 等人研究了核约束对中子星转动惯量的影响[10]。2010 年,Yunes 等人的研究结果表明,Chern-Simons 修正仅仅对于主要阶度量的重力部分有影响,这样,他们引入了对于转动惯量的修正,而不是对于质量—半径关系的修正[11]。同一年,Fattoyev 等人利用精确标定的相对论平均场模型检验了中子星转动惯量对于富含中子物质的物态方程的敏感性[12]。

2011 年,Pétri 研究了 X 射线双星准周期振荡对中子星质量和转动惯量的限制[13]。2015 年,Steiner 等人根据中子星的天文观测数据确定了中子星的壳层厚度、转动惯量和潮汐形变[14]。

研究表明,中子星最大质量对于核子耦合参数和超子耦合参数的选取非常敏感[15-17],并且超子耦合参数与核子耦合参数的比值的取值范围在 1/3 ~ 1 之间[17]。

Hartle 等人在 1967 年从广义相对论出发推导了慢旋转中子星的转动惯量公式[18],并于次年,他们计算了旋转白矮星和旋转中子星的平衡结构[19]。最近一些年来,尽管人们对于中子星的转动惯量做了许多理论研究工作[20-22],但是,对于大质量中子星 PSR J0348 + 0432 的转动惯量,人们研究得还很少。

本节中,我们应用相对论平均场理论通过选择适当的超子耦合参数来研究大质量中子星 PSR J0348 + 0432 的转动惯量[23]。这里所用的相对论平均场理论经过检验是可以很好地描述有限核物质的[24]。

4.1.2 计算理论及计算参数

相对论平均场理论见第 2.1.2 节,中子星质量和半径由 TOV 方程式(1 - 80)和式(1 - 90)计算。

慢旋转中子星的转动惯量由下式给出[18]

$$I = \frac{8\pi}{3} \int_0^R dr r^4 \frac{\varepsilon + p}{\sqrt{1 - 2M(r)/r}} \frac{[\Omega - \omega(r)]}{\Omega} e^{-\nu} \quad (4-1)$$

此处,量 ν 由下式给出

$$-\frac{d\nu(r)}{dr} = \frac{1}{\varepsilon + p}\frac{dp}{dr} \quad (4-2)$$

角速度为

$$\frac{1}{r^4}\frac{\mathrm{d}}{\mathrm{d}r}\left(r^4 j \frac{\mathrm{d}\bar{\omega}}{\mathrm{d}r}\right) + \frac{4}{r}\frac{\mathrm{d}j}{\mathrm{d}r}\bar{\omega} = 0 \qquad (4-3)$$

变量 $j(r)$ 为

$$j(r) = \mathrm{e}^{-(\nu+\lambda)} = \mathrm{e}^{-\nu}\sqrt{1-\frac{2M(r)}{r}}, r<R, \qquad (4-4)$$

边界条件为

$$\frac{\mathrm{d}\bar{\omega}}{\mathrm{d}r}\bigg|_{r=0} = 0, \qquad (4-5)$$

$$\nu(\infty) = 0, \qquad (4-6)$$

$$\bar{\omega}(R) = \Omega - \frac{R}{3}\frac{\mathrm{d}\bar{\omega}}{\mathrm{d}r}\bigg|_{r=R} \qquad (4-7)$$

在本节的计算中,核子耦合参数取 GL85 参数组[15](见第 2.2.2 节)。

根据夸克结构的 SU(6) 对称性,我们选择 $x_{\rho\Lambda}=0$, $x_{\rho\Sigma}=2$ 和 $x_{\rho\Xi}=1$[25]。

对于超子耦合参数与核子耦合参数的比 $x_{\sigma h}$,我们首先选择 $x_{\sigma h}$ 分别等于 0.4,0.5,0.6,0.7,0.8,0.9[这里,h 分别代表超子 Λ,Σ 和 Ξ][17]。对于每一个 $x_{\sigma h}$,参数 $x_{\omega h}$ 由拟合超子在饱和核物质中的势阱深度得到,见式(2-11)]。

超子势阱深度的实验值为 $U_\Lambda^{(N)} = -30$ MeV[26],$U_\Sigma^{(N)} = 10 \sim 40$ MeV[27-31] 和 $U_\Xi^{(N)} = -28$ MeV[32]。因此,本工作中我们选择 $U_\Lambda^{(N)} = -30$ MeV,$U_\Sigma^{(N)} = +40$ MeV 和 $U_\Xi^{(N)} = -28$ MeV。

对于参数 $x_{\sigma\Lambda}=0.9$,我们得到 $x_{\omega\Lambda}=1.0729$,因它大于 1 而要舍弃它。因此,我们只能选取 $x_{\sigma\Lambda}$ 分别等于 0.4,0.5,0.6,0.7,0.8,相应地我们得到 $x_{\omega\Lambda}$ 等于 0.3679,0.5090,0.6500,0.7909,0.9319(见表 2-3)。

因为当参数 $x_{\sigma\Sigma}=0.6,0.7,0.8,0.9$ 时,得到的 $x_{\omega\Sigma}$ 都将大于 1(例如,$x_{\sigma\Sigma}=0.6$ 时,$x_{\omega\Sigma}=1.1069$),所以,我们只能选择 $x_{\sigma\Sigma}$ 等于 0.4 和 0.5,相应地,我们得到 $x_{\omega\Sigma}$ 等于 0.8250 和 0.9660。因为正的超子势阱深度 $U_\Sigma^{(N)}$ 将抑制超子 σ 的产生[33],所以,本工作中我们只需选择 $x_{\sigma\Sigma}=$

0.4 和 $x_{\omega\Sigma}=0.8250$,而参数 $x_{\sigma\Sigma}=0.5$ 和 $x_{\omega\Sigma}=0.9660$ 可以不考虑(见表 2-3)。

对于参数 $x_{\sigma\Xi}$,我们首先选择 $x_{\sigma\Xi}$ 分别等于 0.4,0.5,0.6,0.7,0.8, 0.9。通过拟合 Ξ 超子在饱和核物质中是势阱深度我们分别得到 $x_{\omega\Xi}$ 等于 0.3811,0.5221,0.6630,0.8040,0.9450,1.0860。显然,参数 $x_{\sigma\Xi}=0.9$ 和 $x_{\omega\Xi}=1.0860$ 应该不予考虑。这样,就得到了可以选择的参数(见表 2-3)。

由上述选择的参数,我们可以组成 25 组超子耦合参数,称为 No.1, No.2,…,No.25。这 25 组超子耦合参数列于表 4-1 中。

表 4-1 本工作中使用的 25 组超子耦合参数

No.	$x_{\sigma\Lambda}$	$x_{\omega\Lambda}$	$x_{\sigma\Sigma}$	$x_{\omega\Sigma}$	$x_{\sigma\Xi}$	$x_{\omega\Xi}$
1	0.4	0.3679	0.4	0.825	0.4	0.3811
2	0.4	0.3679	0.4	0.825	0.5	0.5221
3	0.4	0.3679	0.4	0.825	0.6	0.663
4	0.4	0.3679	0.4	0.825	0.7	0.804
5	0.4	0.3679	0.4	0.825	0.8	0.945
6	0.5	0.509	0.4	0.825	0.4	0.3811
7	0.5	0.509	0.4	0.825	0.5	0.5221
8	0.5	0.509	0.4	0.825	0.6	0.663
9	0.5	0.509	0.4	0.825	0.7	0.804
10	0.5	0.509	0.4	0.825	0.8	0.945
11	0.6	0.65	0.4	0.825	0.4	0.3811
12	0.6	0.65	0.4	0.825	0.5	0.5221
13	0.6	0.65	0.4	0.825	0.6	0.663
14	0.6	0.65	0.4	0.825	0.7	0.804
15	0.6	0.65	0.4	0.825	0.8	0.945
16	0.7	0.7909	0.4	0.825	0.4	0.3811
17	0.7	0.7909	0.4	0.825	0.5	0.5221
18	0.7	0.7909	0.4	0.825	0.6	0.663

续表 4-1

No.	$x_{\sigma\Lambda}$	$x_{\omega\Lambda}$	$x_{\sigma\Sigma}$	$x_{\omega\Sigma}$	$x_{\sigma\Xi}$	$x_{\omega\Xi}$
19	0.7	0.7909	0.4	0.825	0.7	0.804
20	0.7	0.7909	0.4	0.825	0.8	0.945
21	0.8	0.9319	0.4	0.825	0.4	0.3811
22	0.8	0.9319	0.4	0.825	0.5	0.5221
23	0.8	0.9319	0.4	0.825	0.6	0.663
24	0.8	0.9319	0.4	0.825	0.7	0.804
25	0.8	0.9319	0.4	0.825	0.8	0.945

对于每一组超子耦合参数，我们计算了中子星的最大质量。只有参数 No.24（$x_{\sigma\Lambda}=0.8$, $x_{\omega\Lambda}=0.9319$; $x_{\sigma\Sigma}=0.4$, $x_{\omega\Sigma}=0.825$; $x_{\sigma\Xi}=0.7$, $x_{\omega\Xi}=0.804$; $M_{\max}=2.0132\ M_\odot$）和参数 No.25（$x_{\sigma\Lambda}=0.8$, $x_{\omega\Lambda}=0.9319$; $x_{\sigma\Sigma}=0.4$, $x_{\omega\Sigma}=0.825$; $x_{\sigma\Xi}=0.8$, $x_{\omega\Xi}=0.945$; $M_{\max}=2.0572\ M_\odot$）能够给出大于大质量中子星 PSR J0348+0432 质量的最大中子星质量（见图 4-1）。接下来，我们利用超子耦合参数组 No.25 来描述中子星 PSR J0348+0432 的性质。

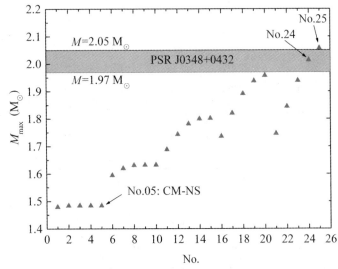

图 4-1 不同组超子耦合参数对应的不同的中子星最大质量

4 大质量中子星的转动惯量

考虑到夸克结构的 SU(6) 对称性[25]并且取超子在饱和核物质中的势阱深度 $U_\Lambda^{(N)} = -30$ MeV，$U_\Sigma^{(N)} = +40$ MeV 和 $U_\Xi^{(N)} = -28$ MeV，我们得到超子耦合参数：$x_{\sigma\Lambda} = 0.6118$，$x_{\omega\Lambda} = 0.6667$；$x_{\sigma\Sigma} = 0.2877$，$x_{\omega\Sigma} = 0.6667$；$x_{\sigma\Xi} = 0.6026$，$x_{\omega\Xi} = 0.3333$。在此情况下，计算的中子星的最大质量只有 $M_{max} = 1.3374$ M$_\odot$，它远远小于大质量中子星 PSR J0348 + 0432 的质量。为了得到较大的中子星质量，我们不得不打破夸克结构的 SU(6) 对称性而用超子耦合参数组 No. 25 来描述大质量中子星 PSR J0348 + 0432 的性质。

4.1.3 大质量中子星 PSR J0348 + 0432 的半径

图 4-2 给出了中子星半径 R 和质量 M 的关系。由图我们可以看到，当计算的中子星 PSR J0348 + 0432 的最大质量为 $M = 1.97$ M$_\odot$ 时，其相应的中子星半径为 $R = 12.957$ km；而当计算的中子星 PSR J0348 + 0432 的最大质量为 $M = 2.05$ M$_\odot$ 时，其相应的中子星半径为 $R = 12.246$ km。这就是说，由观测质量 $M = 1.97 \sim 2.05$ M$_\odot$ 所限制的大质量中子星 PSR J0348 + 0432 的半径范围是 $R = 12.957 \sim 12.246$ km。此结果也可见于表 4-2。

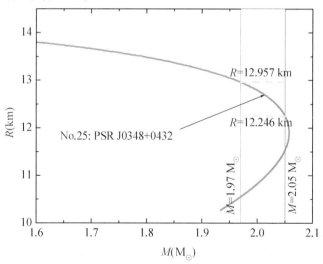

图 4-2 中子星半径 R 和质量 M 的关系

表 4-2　本工作中计算的中子星 PSR J0348+0432 的质量 M、半径 R 和转动惯量 I

M ($M_\odot$)	ε_c ($\times 10^{15}$ g·cm^{-3})	R (km)	I ($\times 10^{45}$ g·cm^2)
1.97	1.2601	12.957	1.9073
2.05	1.7774	12.246	1.5940

由图 4-2 我们也可以看到,对应于中子星 PSR J0348+0432 质量 $M=1.97$ $M_\odot$ 的中心能量密度为 $\varepsilon_c=1.2601\times10^{15}$ g·cm^{-3},而对应于中子星 PSR J0348+0432 质量 $M=2.05$ $M_\odot$ 的中心能量密度为 $\varepsilon_c=1.7774\times10^{15}$ g·cm^{-3}。也就是说,由大质量中子星 PSR J0348+0432 的观测质量 $M=1.97\sim2.05$ $M_\odot$ 所限定的中子星中心能量密度应在 $\varepsilon_c=1.2601\times10^{15}\sim1.7774\times10^{15}$ g·cm^{-3} 范围之内(见表 4-2)。

4.1.4　大质量中子星 PSR J0348+0432 的转动惯量

中子星的转动惯量 I 与质量 M 的关系由图 4-3 给出。我们由图可以看到,随着中子星质量 M 的增大,中子星的转动惯量 I 减小。

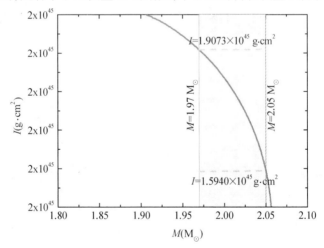

图 4-3　中子星的转动惯量 I 与质量 M 的关系

我们还看到,对应于大质量中子星 PSR J0348+0432 的质量 $M=1.97$ $M_\odot$,中子星的转动惯量为 $I=1.9073\times10^{45}$ g·cm^2;而对应于其质量 $M=2.05$ $M_\odot$,其转动惯量为 $I=1.5940\times10^{45}$ g·cm^2。由大质量中子星 PSR J0348+0432 的观测质量 $M=1.97\sim2.05$ $M_\odot$ 所限定的中子

星的转动惯量 I 为 $1.9073 \times 10^{45} \sim 1.5940 \times 10^{45}$ g·cm^2。

显然,通过拟合超子在饱和核物质中的势阱深度我们同样可以得到其他组超子耦合参数,例如 No.24。本工作中使用的超子耦合参数组 No.25 只是其中之一。

4.1.5 小结

本节利用相对论平均场理论通过选择合适的超子耦合参数计算研究了大质量中子星 PSR J0348+0432 的转动惯量。通过拟合超子在饱和核物质中的势阱深度我们得到了一个可以描述大质量中子星 PSR J0348+0432 质量的一个模型。利用该模型,我们计算研究了中子星 PSR J0348+0432 的转动惯量。

我们发现,由大质量中子星 PSR J0348+0432 的观测质量 $M = 1.97 \sim 2.05$ M$_\odot$所限定的中子星半径应为 $R = 12.957 \sim 12.246$ km,其中心能量密度应为 $\varepsilon_c = 1.2601 \times 10^{15} \sim 1.7774 \times 10^{15}$ g·cm^{-3}。我们还发现,由大质量中子星 PSR J0348+0432 的观测质量 $M = 1.97 \sim 2.05$ M$_\odot$所限定的中子星转动惯量应为 $I = 1.9073 \times 10^{45} \sim 1.5940 \times 10^{45}$ g·cm^2。

实际上,在不考虑超子的情况下,一方面,饱和核密度 ρ_0、单粒子束缚能 B/A、压缩模量 K、对称能系数 a_{sym} 和有效质量 m^*/m 的波动将引起中子星最大质量的变化为 $1.97 \sim 3.4$ M$_\odot$,将引起其相应的中子星半径的变化为 $R = 10.3 \sim 15.2$ km[34]。另一方面,核子耦合参数 g_σ,g_ω 和 g_ρ 与核物质的性质相联系。因此,核物质性质的变化必定会引起核子耦合参数 g_σ,g_ω 和 g_ρ 的变化。这必定将进一步影响中子星的质量、半径和转动惯量。本工作中,没考虑这些因素的影响。

大质量脉冲星暗示了其内部的相互作用应该是非常"强"的。尽管所考虑的超子将会使得中子星的最大质量减小[15],但是,原则上来讲,无论考虑到强子自由度还是考虑到夸克自由度,人们是可以通过选择"合适的"参数来得到高于 2 M$_\odot$ 的中子星最大质量的。

Aaron 等人的计算结果表明,对于具有质量为 1.338 M$_\odot$ 的中子星来说,其转动惯量的取值范围为 $I = 1.3 \sim 1.63 \times 10^{45}$ g·cm^2[10];而 Pétri 等人的结果表明,对应于质量为 $2 \sim 2.2$ M$_\odot$ 的中子星来说,其转动惯量的值为 $I = 1 \sim 3 \times 10^{45}$ g·cm^2[13]。我们的计算结果与他们的结论

是相符的。

4.2 介子 $f_0(975)$ 和 $\varphi(1020)$ 对大质量中子星 PSR J0348 + 0432 转动惯量的影响

4.2.1 引言

中子星是密度很高的天体在它的表面附近区域,只有中子、质子和电子这些粒子存在。越往中子星内部区域,随着粒子数密度的增加,诸如 Λ、Σ 和 Ξ 这些超子将会产生。核子与核子之间以及超子与核子之间的相互作用可以由介子 σ、ω 和 ρ 描述[15],这称为 $\sigma\omega\rho$ 模型。

几年之前,具有质量为 $(2.01\pm0.04)M_\odot$ 的一颗大质量中子星 PSR J0348 + 0432 被 Antoniadis 等人观测到了[1]。当我们利用相对论平均场理论计算中子星质量的时候,这颗观测到的中子星的大质量一定会对核子耦合参数和超子耦合参数施加很强的限制。

早在 2010 年,另一颗大质量中子星 PSR J1614-2230 也被人们观测到了,其质量为 $1.97~M_\odot$[35]。自那时候以来,对于大质量中子星人们进行了广泛的研究。这些研究在一个很广泛的领域展开,例如,大质量强子星[36-43],夸克—强子混合星[44-46],采用其他近似诸如 Brueckner-Hartree-Fock 近似的强子星[47-49],等等。

计算结果表明,核子耦合参数 GL85 能够很好描述中子星的性质[15]。对于超子耦合参数,有很多种选择方法,其中之一是根据夸克结构的 SU(6) 对称性选取介子 ω 与超子相互作用的耦合常数,而 σ 介子与超子相互作用的耦合参数通过拟合超子 Λ、Σ 和 Ξ 在饱和核物质中的势阱深度来得到[36]。无论怎样选取超子耦合参数,它们都应该满足超子在饱和核物质中的势阱深度,这看起来是合理的。在我们以前基于强子模型关于大质量中子星 PSR J1614-2230 的工作中,超子耦合参数是任意选取的[36]。超子耦合参数的这样的选取方法有点不太合适,因此,本工作将利用超子在饱和核物质中的势阱深度来限制超子耦合参数的选取。

另外,介子 $f_0(975)$ 能够衰变为 $\gamma\gamma$[50],并且能够比介子 σ 更好地描述奇异性。当我们考虑到用介子 $f_0(975)$ 和 $\varphi(1020)$ 来描述中子星

4　大质量中子星的转动惯量

物质时,这两种介子将反映出超子—超子之间的相互作用[51],这称为 $\sigma\omega\rho f\varphi$ 模型。

在强子的基础上,当讨论大质量中子星 PSR J0348+0432 时考虑到介子 $f_0(975)$ 和 $\varphi(1020)$ 的作用看起来似乎是更为合理的。但是,中子星内部是否含有介子 $f_0(975)$ 和 $\varphi(1020)$ 将对耦合参数产生不同的限制。本节中,利用相对论平均场理论考虑重子八重态研究了介子 $f_0(975)$ 和 $\varphi(1020)$ 对中子星的性质尤其是转动惯量的影响[52]。

4.2.2　考虑介子 $f_0(975)$ 和 $\varphi(1020)$ 的中子星物质的相对论平均场理论

含有介子 $f_0(975)$ 和 $\varphi(1020)$ 的强子物质的 Lagrangian 密度写作[16]:

$$L = \sum_B \overline{\Psi}_B (i\gamma_\mu \partial^\mu - m_B + g_{\sigma B}\sigma - g_{\omega B}\gamma_\mu \omega^\mu - \frac{1}{2}g_{\rho B}\gamma_\mu \tau \cdot \rho^\mu)\Psi_B +$$
$$\frac{1}{2}(\partial_\mu \sigma \partial^\mu \sigma - m_\sigma^2 \sigma^2) - U_\sigma + \sum_{\lambda=e,\mu}\overline{\Psi}_\lambda(i\gamma_\mu \partial^\mu - m_\lambda)\Psi_\lambda -$$
$$\frac{1}{4}\omega_{\mu\nu}\omega^{\mu\nu} + \frac{1}{2}m_\omega^2 \omega_\mu \omega^\mu - \frac{1}{4}\rho_{\mu\nu}\cdot\rho^{\mu\nu} + \frac{1}{2}m_\rho^2 \rho_\mu \cdot \rho^\mu + L^{YY}$$

$$(4-8)$$

最后一项表示介子 $f_0(975)$ 和 $\varphi(1020)$ 的贡献。

$$L^{YY} = \sum_B g_{fB}\overline{\Psi}_B\Psi_B f - \sum_B g_{\varphi B}\overline{\Psi}_B \gamma_\mu \Psi_B \varphi^\mu +$$
$$\frac{1}{2}(\partial_\mu f \partial^\mu f - m_f^2 f^2) - \frac{1}{4}S_{\mu\nu}S^{\mu\nu} + \frac{1}{2}m_\varphi^2 \varphi_\mu \varphi^\mu \quad (4-9)$$

此处, $S_{\mu\nu} = \partial_\mu \varphi_\nu - \partial_\nu \varphi_\mu$。

采用相对论平均场近似后,我们可以分别得到如下重子和介子的场方程。

重子的场方程为

$$(\gamma_\mu k^\mu - m_B + g_{\sigma B}\sigma + g_{fB}f_0 - g_{\omega B}\gamma_0 \omega_0 - g_{\varphi B}\varphi_0 - g_{\rho B}\gamma_0 \tau_3 \rho_{03})\Psi_B(k,\lambda) = 0$$
$$(4-10)$$

其本征值为

$$e_B(k) = g_{\omega B}\omega_0 + g_{\varphi B}\varphi_0 + g_{\rho B}\rho_{03}I_{3B} + \sqrt{k^2 + m_B^{*2}} \quad (4-11)$$

此处，m_B^* 是重子的有效质量，其公式为

$$m_B^* = m_B - g_{\sigma B}\sigma - g_{fB}f \qquad (4-12)$$

介子的场方程为

$$m_\sigma^2 \sigma = -g_2\sigma^2 - g_3\sigma^3 + \sum_B g_{\sigma B}\rho_{sB} \qquad (4-13)$$

$$m_f^2 = \sum_B g_{fB}\rho_{sB} \qquad (4-14)$$

$$\omega_0 = \sum_B \frac{g_{\omega B}}{m_\omega^2}\rho_B \qquad (4-15)$$

$$m_\varphi^2 \varphi_0 = 2\sum_B g_{\varphi B}\rho_B \qquad (4-16)$$

$$m_\rho^2 \rho_{03} = \sum_B g_{\rho B} I_{3B}\rho_B \qquad (4-17)$$

重子的化学势为

$$\mu_B = e_B(k) \qquad (4-18)$$

轻子的化学势为

$$\mu_e = \sqrt{k_e^2 + m_e^2} \qquad (4-19)$$

$$\mu_\mu = \mu_e = \sqrt{k_\mu^2 + m_\mu^2} \qquad (4-20)$$

第 i 种重子化学势与中子和电子的化学势之间满足

$$\mu_i = b_i\mu_n - q_i\mu_e \qquad (4-21)$$

此处，b_i 为第 i 种重子的重子数。

重子数守恒条件为

$$\rho = \sum_B \rho_B = \frac{\sum_B (2J_B+1)b_B k_B^3}{6\pi^2} = \text{const} \qquad (4-22)$$

中子星物质的电中性条件为

$$Q = \sum_B Q_B + \sum_\lambda Q_\lambda$$

$$= \frac{\sum_B (2J_B+1)q_B k_B^3}{6\pi^2} + \frac{\sum_\lambda 2q_\lambda k_\lambda^3}{6\pi^2} = 0 \qquad (4-23)$$

中子星的能量密度和压强为

$$\varepsilon = \frac{1}{3}g_2\sigma^3 + \frac{1}{4}g_3\sigma^4 + \frac{1}{2}m_\sigma^2\sigma^2 + \frac{1}{2}m_\omega^2\omega_0^2 + \frac{1}{2}m_\rho^2\rho_{03}^2 +$$

$$\sum_B \frac{2J_B+1}{2\pi^2} \int_0^{k_B} k^2 \sqrt{k^2+(m_B-g_{\sigma B}\sigma)^2}\, dk +$$

$$\sum_\lambda \frac{1}{\pi^2} \int_0^{k_\lambda} \sqrt{k^2+m_\lambda^{*2}}\, k^2\, dk + \frac{1}{2} m_f^2 f_0^2 + \frac{1}{2} m_\varphi^2 \varphi_0^2 \quad (4-24)$$

$$p = -\frac{1}{3} g_2 \sigma^3 - \frac{1}{4} g_3 \sigma^4 - \frac{1}{2} m_\sigma^2 \sigma^2 + \frac{1}{2} m_\omega^2 \omega_0^2 + \frac{1}{2} m_\rho^2 \rho_{03}^2 +$$

$$\frac{1}{3} \sum_B \frac{2J_B+1}{2\pi^2} \int_0^{k_B} \frac{k^4}{\sqrt{k^2+(m_B-g_{\sigma B}\sigma)^2}}\, dk +$$

$$\frac{1}{3} \sum_\lambda \frac{1}{\pi^2} \int_0^{k_\lambda} \frac{k^4}{\sqrt{k^2+m_\lambda^{*2}}}\, dk - \frac{1}{2} m_f^2 f_0^2 + \frac{1}{2} m_\varphi^2 \varphi_0^2 \quad (4-25)$$

通过求解上述方程,我们可以得到费米动量、介子的势场强度、中子和电子的化学势、能量和压强等。再利用 TOV 方程式(1-80)和式(1-90)得到中子星的质量和半径。最后可利用上一节的公式算出中子星的转动惯量。

4.2.3 参数和中子星 PSR J0348+0432 的质量

我们选择核子耦合参数 GL85 参数组[15]。由夸克结构的 SU(6)对称性我们取 $x_{\rho\Lambda}=0$, $x_{\rho\Sigma}=2$ 和 $x_{\rho\Xi}=1$[25]。本工作中,超子在饱和核物质中的势阱深度我们分别取 $U_\Lambda^{(N)}=-30$ MeV, $U_\Sigma^{(N)}=40$ MeV 和 $U_\Xi^{(N)}=-28$ MeV。

超子耦合参数与核子耦合参数的比的取值范围是 $1/3 \sim 1$[17]。我们先选取 x_σ 的值为 0.4,0.5,0.6,0.7,0.8,0.9,1.0。参数 x_ω 可以通过拟合超子在饱和核物质中的势阱深度得到(见第 2.2.2 节)。如此,我们选择的超子耦合参数列于表 2-3。

对于 x_ω 等于 0.9,1.0,由超子在饱和核物质中的势阱深度拟合的参数 x_σ 大于 1,不符合要求,因而这些参数应该去掉,所以在表 2-3 中它们没有出现。

介子 $\varphi(1020)$ 的耦合常数可以通过夸克模型关系得到

$$g_{\varphi\Xi} = 2g_{\varphi\Lambda} = \frac{-2\sqrt{2} g_\omega}{3} \quad (4-26)$$

对于介子 $f_0(975)$,我们利用获得的 $f_0(975)$ 介子的质量,但是纯

粹是经验地处理它的耦合以使之满足势深度方程

$$U_\Lambda^{(\Xi)} \cong U_\Xi^{(\Xi)} \cong 2U_\Lambda^{(\Lambda)} \cong 40 \text{ MeV} \qquad (4-27)$$

如此,我们得到 $\dfrac{g_{f_0\Lambda}}{g_\sigma} = \dfrac{g_{f_0\Sigma}}{g_\sigma} = 0.69$,$\dfrac{g_{f_0\Xi}}{g_\sigma} = 1.25$[51]。

正的超子势阱深度 $U_\Sigma^{(N)}$ 将抑制超子 Σ 的产生[33],因此,我们只取 $x_{\sigma\Sigma} = 0.4$ 和 $x_{\omega\Sigma} = 0.825$,而参数 $x_{\sigma\Sigma} = 0.5$ 和 $x_{\omega\Sigma} = 0.9660$ 则不予考虑(见表2-3)。由表2-3我们可以构成25组超子耦合参数,对每一组参数我们计算出了中子星质量。计算结果表明,只有参数($x_{\sigma\Lambda} = 0.8$, $x_{\omega\Lambda} = 0.9319$; $x_{\sigma\Sigma} = 0.4$,$x_{\omega\Sigma} = 0.825$;$x_{\sigma\Xi} = 0.7$,$x_{\omega\Xi} = 0.804$)和($x_{\sigma\Lambda} = 0.8$,$x_{\omega\Lambda} = 0.9319$;$x_{\sigma\Sigma} = 0.4$,$x_{\omega\Sigma} = 0.825$;$x_{\sigma\Xi} = 0.8$,$x_{\omega\Xi} = 0.945$)能够给出大于大质量中子星 PSR J0348+0432 质量的最大质量(对于前一情形,计算的中子星最大质量 M_{max} 为 2.013 $M_\odot$,对于后一种情形,计算的中子星最大质量 M_{max} 为 2.057 $M_\odot$)(如图4-4所示)。

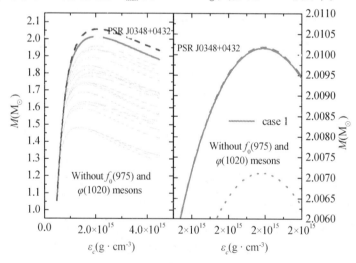

图4-4 中子星质量与中心能量密度的关系

注:没有考虑介子 $f_0(975)$ 和 $\varphi(1020)$ 的贡献。

我们看到,前一种情况的中子星最大质量($M_{max} = 2.013$ $M_\odot$,图中左半边的粗曲线)更接近于大质量中子星 PSR J0348+0432 的质量($M = 2.01$ $M_\odot$)。然后,我们依次调节参数 $x_{\sigma\Xi}$ 从 0.69 到 0.695,再到 0.

6946,然后,通过拟合超子在饱和核物质中的势阱深度我们得到参数 $x_{\omega\Xi}$ 的数值分别为 0.79,0.797 和 0.7964。进一步地,相应的中子星的最大质量 M_{max} 分别为 2.007 $M_\odot$,2.01 $M_\odot$,2.01 $M_\odot$。应用这种方法我们得到了一组超子耦合参数用以描述大质量中子星 PSR J0348+0432 的质量:$x_{\sigma\Lambda}=0.8$,$x_{\omega\Lambda}=0.9319$;$x_{\sigma\Sigma}=0.4$,$x_{\omega\Sigma}=0.825$;$x_{\sigma\Xi}=0.6946$,$x_{\omega\Xi}=0.7964$(记为 case 1)。图 4-4 和图 4-5 表示了 case 1。

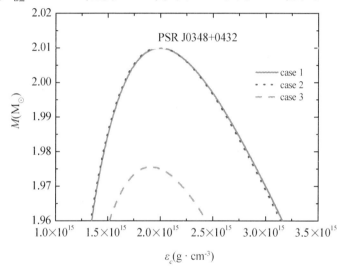

图 4-5 中子星的质量与中心能量密度的关系

由上述我们看到,中子星质量对于超子耦合参数很敏感,有的在小数点后第四位才能体现出这种影响。因此,本工作中我们保留小数点后四位。

当考虑中子星内部含有介子 $f_0(975)$ 和 $\varphi(1020)$ 时,我们可以采取类似的步骤来拟合大质量中子星 PSR J0348+0432 的质量。这样,当超子耦合参数取为 $x_{\sigma\Lambda}=0.8$,$x_{\omega\Lambda}=0.9319$;$x_{\sigma\Sigma}=0.4$,$x_{\omega\Sigma}=0.825$;$x_{\sigma\Xi}=0.7447$,$x_{\omega\Xi}=0.8671$(记为 case 2)时,我们可以计算得到中子星 PSR J0348+0432 的质量(2.01 $M_\odot$)。图 4-5 和图 4-6 表示了这种情形。

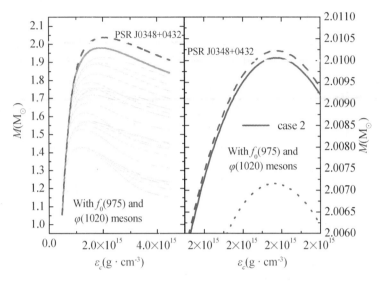

图 4-6 中子星 PSR J0348+0432 质量的拟合过程

注:这里考虑了介子 $f_0(975)$ 和 $\varphi(1020)$ 的贡献。

当超子耦合参数取的与 case 1 一样(即:$x_{\sigma\Lambda}=0.8$,$x_{\omega\Lambda}=0.9319$;$x_{\sigma\Sigma}=0.4$,$x_{\omega\Sigma}=0.825$;$x_{\sigma\Xi}=0.6946$,$x_{\omega\Xi}=0.7964$),同时也考虑到介子 $f_0(975)$ 和 $\varphi(1020)$ 的贡献时,这种情形称为 case 3。图 4-5 表示了这种情形。

4.2.4 介子 $f_0(975)$ 和 $\varphi(1020)$ 对中子星 PSR J0348+0432 半径的影响

图 4-5 给出了中子星的质量与中心能量密度的关系。这包括了考虑或者不考虑介子 $f_0(975)$ 和 $\varphi(1020)$ 的影响这两种情况。由图可见,如果超子耦合参数取的值相同,不考虑介子 $f_0(975)$ 和 $\varphi(1020)$ 的影响时得到的中子星 PSR J0348+0432 的最大质量为 2.01 $M_\odot$(case 1),但是,考虑介子 $f_0(975)$ 和 $\varphi(1020)$ 的影响时计算出的中子星的最大质量只有 1.976 $M_\odot$(case 3)。这就是说,考虑这两种介子的影响时得出的中子星最大质量将比不考虑其影响时减小了 1.7%。另一方面,如果我们假定中子星 PSR J0348+0432 含有介子 $f_0(975)$ 和 $\varphi(1020)$,为了能够算出它的较大质量,超子耦合参数必须被限定为 case 2。

大质量中子星 PSR J0348+0432 的观测质量并非精确的是

2.01 $M_\odot$,有一定的观测误差 0.04 $M_\odot$。在我们的计算中,为了研究中子星 PSR J0348 +0432 包含介子 $f_0(975)$ 和 $\varphi(1020)$ 与不包含该两种介子时的区别,为简单起见,我们假定它的质量就是 2.01 $M_\odot$。

此外,由于 Pauli 原理:首先填满所有 Λ 超子的束缚轨道,然后添加一定数量的重子 Ξ^- 和 Ξ^0 到束缚态就变得可能了,而 Pauli 阻断强衰变,即 $\Xi^- p, \Xi^0 n \to \Lambda\Lambda$。这将极大增加束缚态能够支持的奇异数的数量。我们知道,标量介子 $f_0(975)$ 比 σ 更为容易地与奇异粒子耦合。因此,我们认为 case 2 更具有物理意义。

当然,这种质量的拟合并非唯一的。如果选择其他的核子耦合参数和超子耦合参数,中子星 PSR J0348 +0432 的质量也是有可能得到的。这可以由文献[36]联想到。

另外,我们看到中子星的最大质量随着参数 $x_{\omega h}$ 的增大而增大[36],随着参数 $x_{\sigma h}$ 的增大而减小[53]。为了得到较大的中子星质量,看起来我们选择较大的参数 $x_{\omega h}$ 及较小的参数 $x_{\sigma h}$ 是较为合适的。但是,在我们的工作中,耦合常数 $x_{\sigma h}$ 和 $x_{\omega h}$ 是通过超子势阱深度联系在一起的。因此,耦合常数是不能够任意选取的。

接下来,我们应用 case 1 和 case 2 给出的超子耦合参数来研究介子 $f_0(975)$ 和 $\varphi(1020)$ 对中子星 PSR J0348 +0432 性质的影响。

中子星半径和中心能量密度的关系示于图 4-7。我们看到,当不考虑介子 $f_0(975)$ 和 $\varphi(1020)$ 的影响时(case 1),计算的中子星 PSR J0348 +0432 的半径为 R = 12.072 km,但是,当考虑介子 $f_0(975)$ 和 $\varphi(1020)$ 的影响时(case 2),计算的中子星 PSR J0348 +0432 的半径将增大为 R =12.08 km,即介子 $f_0(975)$ 和 $\varphi(1020)$ 的贡献使得中子星半径增大了 0.07%。这种情况可以见表 4-3。

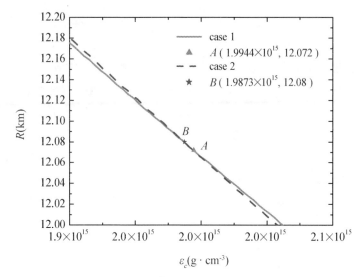

图 4-7 中子星半径和中心能量密度的关系

注：case 1 没有考虑介子 $f_0(975)$ 和 $\varphi(1020)$ 的影响，而 case 2 考虑了其影响。

表 4-3 本工作中计算的中子星最大质量 M_{max} 以及相应的半径 R、中心能量密度 ε_c、中心压强 p_c 和转动惯量 I

case	M_{max} ($M_\odot$)	R (km)	ε_c (fm^{-4})	p_c (fm^{-4})	I ($\times 10^{45}$ g·cm^2)
1	2.01	12.072	5.6695	1.585	1.4592
2	2.01	12.08	5.6492	1.58	1.4615
3	1.976	12.239	5.4355	1.385	1.478

注：case 1 没有考虑介子 $f_0(975)$ 和 $\varphi(1020)$ 的贡献，而 case 2 和 case 3 考虑了其贡献。

此外，考虑到介子 $f_0(975)$ 和 $\varphi(1020)$ 的贡献与不考虑这两种介子的贡献的中子星 PSR J0348+0432 物态方程的区别由图 4-8 给出。A 点和 B 点表示中子星 PSR J0348+0432 内部的压强，A 点不考虑介子 $f_0(975)$ 和 $\varphi(1020)$ 的贡献，而 B 点考虑了这两种介子的贡献。我们看到，与不考虑介子 $f_0(975)$ 和 $\varphi(1020)$ 时相比，中心能量密度 ε_c 由 5.6695 fm^{-4} 减小到 5.6492 fm^{-4}，而中心压强由 1.585 fm^{-4} 减小到

1.58 fm^{-4}。这就是说,与不考虑介子 $f_0(975)$ 和 $\varphi(1020)$ 时的情况相比,中心能量密度 ε_c 减小了 0.36%,中心压强减小了 0.32%。

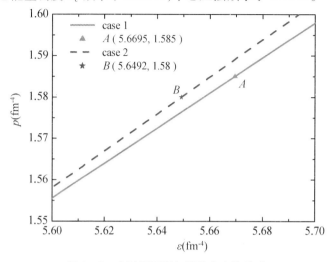

图 4-8 中子星压强与能量密度的关系

注:case 1 没有考虑介子 $f_0(975)$ 和 $\varphi(1020)$,而 case 2 考虑了这两种介子。

4.2.5 介子 $f_0(975)$ 和 $\varphi(1020)$ 对中子星 PSR J0348+0432 转动惯量的影响

图 4-9 给出了中子星转动惯量与中心能量密度的关系。因为与不考虑介子 $f_0(975)$ 和 $\varphi(1020)$ 的贡献时相比大质量中子星 PSR J0348+0432 的半径增大了 0.07%,而 case 1 和 case 2 这两种情况的中子星质量是相同的,即为 2.01 $M_\odot$,因此,考虑介子 $f_0(975)$ 和 $\varphi(1020)$ 的贡献时的中子星 PSR J0348+0432 的转动惯量将大于不考虑这两种介子的贡献时的转动惯量。由图 4-9 和表 4-3 我们看到,与不考虑介子 $f_0(975)$ 和 $\varphi(1020)$ 时相比,中子星的转动惯量由 1.4592×10^{45} g·cm^2 增大到 1.4615×10^{45} g·cm^2,即增大了 0.16%。

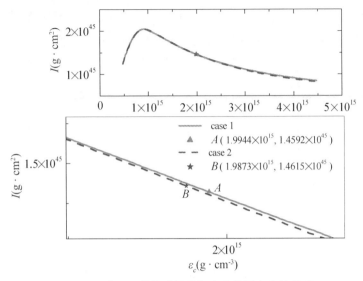

图4-9 中子星的转动惯量与中心能量密度的关系

注：case 1 没有考虑介子 $f_0(975)$ 和 $\varphi(1020)$ 的贡献，case 2 考虑了其贡献。

4.2.6 小结

本节中，利用相对论平均场理论通过调节超子耦合参数，在考虑或者不考虑介子 $f_0(975)$ 和 $\varphi(1020)$ 贡献的两种情况下，我们首先拟合出了大质量中子星 PSR J0348+0432 的质量。我们发现，与不考虑介子 $f_0(975)$ 和 $\varphi(1020)$ 时相比，中子星 PSR J0348+0432 的半径由 R = 12.072 km 增加到 R = 12.08 km（即增大了 0.07%），中心能量密度 ε_c 由 5.6695 fm^{-4} 减小到 5.6492 fm^{-4}（即减小了 0.36%），中心压强由 1.585 fm^{-4} 减小到 1.58 fm^{-4}（即减小了 0.32%），转动惯量由 1.4592 × 10^{45} g·cm^2 增大到 1.4615 × 10^{45} g·cm^2（即增大了 0.16%）。

我们的结果表明，介子 $f_0(975)$ 和 $\varphi(1020)$ 对大质量中子星 PSR J0348+0432 性质的影响很小，不会超过 0.5%。

在以前关于大质量中子星的工作中，Weissenborn 等人曾经选择过超子势阱深度 $U_\Sigma^{(N)}$ [42]。但是，在他们的计算中，没有考虑介子 $f_0(975)$ 的贡献。所以，我们的结果与之相比更具物理意义。

在我们的计算中，我们采用的是 GL85 核子耦合参数组。但是，如果我们选取其他的耦合常数，结果将会有所区别。例如，当我们选取

GL97 核子耦合参数组时,那么计算得到的中子星最大质量都将小于中子星 PSR J0348+0432 的质量(如图 4-10 所示)。此处,没有考虑介子 $f_0(975)$ 和 $\varphi(1020)$ 的贡献。在这种情况下,我们得不到中子星 PSR J0348+0432 的质量。

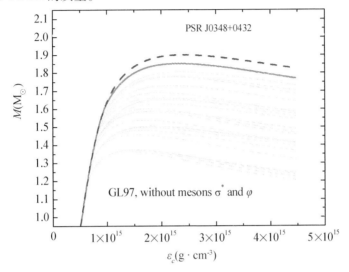

图 4-10　中子星质量与中心能量密度的关系

参考文献

[1] ANTONIADIS J, FREIRE P C C, WEX N, et al. A Massive Pulsar in a Compact Relativistic Binary[J]. Science, 2013, 340(6131):448.

[2] DEMOREST P B, PENNUCCI T, RANSOM S M, et al. A two-solar-mass neutron star measured using Shapiro delay[J]. Nature, 2010, 467(7319):1081-1083.

[3] OVERGARD T, STAGARD E. Mass, radius, and moment of inertia for hypothetical quark stars[J]. Astronomy and Astrophysics, 1991(243):412-418.

[4] BAO G, STGAARD E, DYBVIK B. Equation of State, Mass, Radius, Moment of Inertia, and Surface Gravitational Redshift for Neutron Stars[J]. International Journal of Modern Physics D, 1994, 3(4):813-838.

[5] KALOGERA V. Psaltis, Dimitrios Bounds on neutron-star moments of inertia and the evidence for general relativistic frame dragging[J]. Physical Review D, 2000, 61(2):024009.

[6] BEJGER M, HAENSEL P. Moments of inertia for neutron and strange stars: Limits derived for the Crab pulsar[J]. Astronomy and Astrophysics, 2002(396):917-921.

[7] LATTIMER J M, SCHUTZ B F. Constraining the Equation of State with Moment of Inertia Measurements[J]. The Astrophysical Journal, 2005, 629(2):979-984.

[8] BEJGER M, BULIK T, HAENSEL P. Constraints on the dense matter EOS from the measurements of PSR J0737-3039A moment of inertia and PSR J0751 + 1807 mass [J]. Monthly Notices of the Royal Astronomical Society, 2005(364):635-639.

[9] MORRISON I A, BAUMGARTE T W, SHAPIRO S L, et al. The Moment of Inertia of the Binary Pulsar J0737-3039A: Constraining the Nuclear Equation of State[J]. The Astrophysical Journal, 2014, 617(2):L135-L138.

[10] WEN D H, CHEN W, LU Y G, et al. Frame Dragging Effect on Moment of inertia and Radius of Gyration of Neutron Star[J]. Modern Physics Letters A, 2007, 22 (7):631-636.

[11] AARON W, PLAMEN G K, LI B A. Nuclear constraints on the moments of inertia of neutron stars [J]. The Astrophysical Journal, 2008(685):390-399.

[12] YUNES N, PSALTIS D, ZEL F, et al. Constraining parity violation in gravity with measurements of neutron-star moments of inertia[J]. Physical Review D, 2010, 81 (6):064020.

[13] FATTOYEV F J, PIEKAREWICZ J. Sensitivity of the moment of inertia of neutron star to the equation of state of neutron-rich matter[J]. Physical Review C, 2010, 82 (2):025810.

[14] PéTRI J. Constraining the mass and moment of inertia of neutron stars from quasi-periodic oscillations in X-ray binaries[J]. Astrophysics and Space Science, 2011, 331(2):555-563.

[15] Steiner A W, Gandolfi S, Fattoyev F J, et al. Using neutron star observations to determine crust thicknesses, moments of inertia, and tidal deformabilities[J]. Physical Review C, 2015, 91(1):015804.

[16] GLENDENNING N K. Neutron stars are giant hypernuclei? [J]. The Astrophysical Journal, 1985(293):470-493.

[17] GLENDENNING N K. Compact Stars: Nuclear Physics, Particle Physics, and General Relativity[M]. New York: Springer-Verlag, 1997.

[18] GLENDENNING N K. MOSZKOWSKI S A. Reconciliation of neutron-star masses and binding of the Lambda in hypernuclei[J]. Physical Review Letters, 1991(67):

2414 - 2417.

[19] HARTLE J B. Slowly rotating relativistic stars I . Equations of structure[J]. The Astrophysical Journal,1967(150):1005 - 1029.

[20] HARTLE J B,THORNE K S. Slowly rotating relativistic stars II Models for neutron star and supermassive stars[J]. The Astrophysical Journal,1968(153):807 - 834.

[21] LINK B,EPSTEIN R I. LATTIMER J M. Pulsar Constraints on Neutron Star Structure and Equation of State [J]. Physical Review Letter, 1999, 83 (17): 3362 - 3365.

[22] LI W F,ZHANG F S,CHEN L W. On the Moment of Inertia and Surface Redshift of neutron star[J]. HEP & NP. ,2001,25(10):1006 - 1011.

[23] RYU C Y,MARUYAMA T,KAJINO T,et al. Spin change of a proto-neutron star by the emission of neutrinos[J]. Physical Review C,2012,85(4):045803.

[24] ZHAO X F. On the moment of inertia of PSR J0348 +0432[J]. Chinese Journal of Physics,2016(54):839 - 844.

[25] ZHOU S G. Multidimensionally constrained covariant density functional theories-nuclear shapes and potential energy surfaces[J]. Physica Scripta,2016(91):063008.

[26] SCHAFFNER J,MISHUSTIN I N. Hyperon-rich matter in neutron stars[J]. Physical Review C,1996(53):1416 - 1429.

[27] BATTY C J,FRIEDMAN E. GAL A. Strong interaction physics from hadronic atoms [J]. Physics Reports,1997(287):385 - 445.

[28] KOHNO M,FUJIWARA Y,WATANNABE Y,et al. Strength of the Σ Single-Particle Potential in Nuclei from Semiclassical Distorted Wave Model Analysis of the (π^-,K^+) Inclusive Spectrum[J]. Progress of Theoretical Physics,2004(112): 895 - 900.

[29] KOHNO M, FUJIWARA Y, WATANABE Y, et al. Semiclassical distorted-wave model analysis of the (π^-,K^+)Σ formation inclusive spectrum[J]. Physical Review C,2006(74):064613.

[30] HARADA T,HIRABAYASHI Y. Is the Σ nucleus potential for Σ atoms consistent with the Si^{28}(π,K) data? [J]. Nuclear Physics A,2005,759(1 - 2):143 - 169.

[31] HARADA T,HIRABAYASHIU Y. Σ production spectrum in the inclusive (π,K) reaction on ^{209}Bi and the Σ - nucleus potential[J]. Nuclear Physics A,2006(767): 206 - 217.

[32] FRIEDMAN E,GAL A. In-medium nuclear interactions of low-energy hadrons[J].

Physics Reports,2007(452):89 – 153.

[33] SCHAFFNER-BIELICH J,Gal A. Properties of strange hadronic matter in bulk and in finite systems[J]. Physical Review C,2000(62):034311.

[34] ZHAO X F. Constraining the gravitational redshift of a neutron star from the Σ^- meson well depth[J]. Astrophysics and space science,2011(332):139 — 144.

[35] ZHAO X F,DONG A J,JIA H Y. The mass calculations for the neutron star PSR J1614 – 2230[J]. Acta Physica Polonica B,2012,43(8):1783 – 1789.

[36] ZHAO X F,JIA H Y. Mass of the neutron star PSR J1614-2230[J]. Physical Review C,2012(85):065806.

[37] BEDNAREK I,HAENSEL P,ZDUNIK J L,et al. Hyperons in neutron-star cores and a 2 M_{sun} pulsar[J]. Astronomy & Astrophysics,2012(543):A157.

[38] BEDNAREK W,SOBCZAK T. Gamma-rays from millisecond pulsar population within the central stellar cluster in the Galactic Centre[J]. Monthly Notices of the Royal Astronomical Society:Letters,2013,435(1):L14 – L18.

[39] Bejger M. Parameters of rotating neutron stars with and without hyperons[J]. Astronomy & Astrophysics,2013(552):A59.

[40] JIANG W Z,LI B A,CHEN L W. Large-mass neutron stars with hyperonization[J]. The Astrophysical Journal,2012,756(1):56.

[41] MIYATSU T,CHEOUN M,SAITO K. Equation of state for neutron stars in SU(3) flavor symmetry[J]. Physical Review C,2013,88(1):015802.

[42] WEISSENBORN S,CHATTERJEE D,SCHAFFNER-BIELICH J. Hyperons and massive neutron stars:the role of hyperon potentials[J]. Nuclear Physics A,2012(881):62 – 77.

[43] WEISSENBORN S,CHATTERJEE D,SCHAFFNER-BIELICH J. Hyperons and massive neutron star:vector repulsion and SU(3) symmetry[J]. Physical Review C,2012,85(6):065802.

[44] KLÄHN T. ŁASTOWIECHI R,BLASCHKE D. Implications of the measurement of pulsars with two solar masses for quark matter in compact stars and heavy-ion collisions:A Nambu-Jona-Lasinio model case study[J]. Physical Review D,2013,88(8):085001.

[45] ŁASTOWIECHI R,BLASCHKE D,BERDERMANN J. Neutron star matter in a modified PNJL model[J]. Physics of Atomic Nuclei,2012,75(7):893 – 895.

[46] MASUDA K,HATSUDA T,TAKATSUKA T. Hadron-quark crossover and massive

hybrid stars with strangeness[J]. The Astrophysical Journal,2013,764(1):12.

[47] MASSOT é, MARGUERON J, CHANFRAY G. On the maximum mass of hyperonic neutron star[J]. Europhysics Letters,2012,97(3):39002.

[48] WHITTENBURY D. Neutron star properties with hyperons [C/OL]// Proceedings of the XII International Symposium on Nuclei in the Cosmos (NIC XII), Cairns, Australia, August 5 - 12, 2012. http://pos. sissa. it/cgi - bin/reader/conf. cgi? confid = 146.

[49] KATAYAMA T, MIYASU T, SAITO K. EoS for massive neutron star[J]. The Astrophysical Journal Supplement,2012,203(2):22.

[50] ANISOVICH A V, ANISOVICH V V, MARKOV V N, et al. Radiative Decays and Quark Content of f_0(980) and phi (1020)[J]. Physics of Atomic Nuclei,2002,65(3):497 -512.

[51] SCHAFFNER J, DOVER C B, GAL A, et al. Multiply strange nuclear systems[J]. Annal Physics,1994(235):35 -76.

[52] ZHAO X F. Constraints the properties of the massive neutron star PSR J0348 +0432 from the mesons f_0(975) and φ(1020)[J]. The European Physical Journal A, 2014(50):80.

[53] ZHAO X F. The surface gravitational redshift of the neutron star PSR J1614-2230 [J]. Acta Physica Polonica B,2013,44(2):211 -219.

5
大质量中子星 PSR J1614-2230 的引力红移研究

5.1 引言

2010 年,人们发现了大质量中子星 PSR J1614-2230,与此同时,其质量被确定为 $(1.97 \pm 0.04) M_\odot$[1]。

中子星物质的物态方程对于中子星的性质有很大影响,物态方程的"软"或者"硬"将决定中子星的质量是大还是小。较硬的物态方程将给出较大的中子星质量。因此,对于大质量中子星 PSR J1614-2230 来说,由于它的质量较大,它的物态方程应该相对较硬。

2011 年,基于超子物质微观 Brueckner-Hartree-Fock 方法再加上简单的唯象密度依赖项,Vidaña 等人估计了超子三体力对中子星最大质量的影响[2]。他们的结果表明,尽管超子三体力能够使得计算的中子星最大质量与现有 1.4~1.5 $M_\odot$ 质量限制相一致,但是,它们不能够提供足够的斥力来使得中子星的最大质量达到中子星 PSR J1614-2230 的质量[$(1.97 \pm 0.04) M_\odot$]。

2012 年,Bonanno 等人将唯象相对论超核密度泛函与量子色动力学的有效模型(Nambu-Jona-Lasinio 模型)结合起来研究中子星 PSR J1614-2230 究竟是超子星还是夸克星。研究发现,中子星 PSR J1614-2230 可能是具有超子和夸克的色超导性的混合星[3]。

考虑到中子星 PSR J1614-2230 的观测质量对超子物质物态方程的限制,Weissenborn 等人系统地研究了超子势对物态方程硬化的影响。

5 大质量中子星 PSR J1614-2230 的引力红移研究

研究发现,与考虑超子之间的额外的矢量介子提供的斥力相比,超子势对中子星的最大质量是有影响的,但是,影响比较小。只有在考虑这些额外的介子时这些新的质量界限才可以达到,此时不必考虑超子势如何[4]。

尽管关于中子星 PSR J1614-2230 人们做了许多理论研究工作,但是,关于它的引力红移却研究得比较少。对中子星引力红移的观测能够提供质量和半径比值 M/R 这个很重要的信息[5]。因此,研究中子星 PSR J1614-2230 的引力红移对于核天体物理来说是很重要的。

本章中,我们利用相对论平均场理论研究了中子星 PSR J1614-2230 的引力红移[6]。

5.2 计算理论和参数选取

相对论平均场理论及中子星物质的能量密度和压强见第 2.1.2 节。我们利用 TOV 方程式(1-80)和式(1-90)来计算中子星的质量和半径。

中子星的表面引力红移为[7]:

$$z = \left(1 - \frac{2M}{R}\right)^{-1/2} - 1 \quad (5-1)$$

本工作中,我们选择 GL97 核子耦合参数组(见第 2.1.3 节)。

一般地,超子耦合参数与核子耦合参数的比在 $0.3 \sim 1$ 之间[8]。在以前的工作中,根据夸克结构的 SU(6)对称性,我们首先固定 ρ 介子的超子耦合参数 $x_{\rho\Lambda} = 0$,$x_{\rho\Sigma} = 2$ 和 $x_{\rho\Xi} = 1$。然后,我们选择 x_σ 分别等于 0.33,0.4,0.5,0.6,0.7,0.8,0.9。对每一个参数 x_σ,参数 x_ω 也分别取 0.33,0.4,0.5,0.6,0.7,0.8,0.9。通过上述步骤,我们能够确定可以获得中子星 PSR J1614-2230 质量的超子耦合参数 x_σ 和 x_ω 的取值范围(见文献[9])。

本章中,我们将根据文献[9]确定的参数值 x_σ 和 x_ω 来确定中子星 PSR J1614-2230 表面的引力红移的取值范围。作为对比,我们还计算了较小质量中子星的表面引力红移,这个较小质量的中子星是用根据夸克结构 SU(6)对称性所确定的超子耦合参数计算出来的。

5.3 参数 x_σ 和 x_ω 对中子星引力红移的影响

为了考察参数 x_ω 对中子星表面引力红移的影响,我们分别取 x_ω 为 0.70,0.74,0.78,0.82,0.86,0.90,0.94,而使参数 x_σ = 0.33 以及 $x_{\rho\Lambda}$ = 0, $x_{\rho\Sigma}$ = 2 和 $x_{\rho\Xi}$ = 1 固定。

图 5-1 给出了参数 x_ω 对中子星质量和表面引力红移的影响。由图 5-1(a)可见,中子星质量随着参数 x_ω 的增大而增大。这就是说,随着参数 x_ω 的增大中子星物质的物态方程变硬。由图 5-1(b)可见,随着中心能量密度的增加中子星的表面引力红移增大。当超子耦合参数 x_ω 由步长 0.70 增大到 0.94 时,表面引力红移增大。

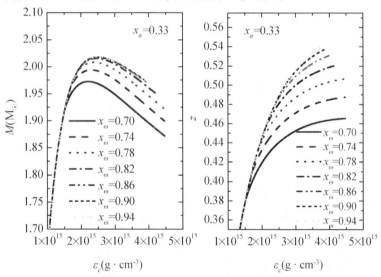

图 5-1 参数 x_ω 对中子星质量和表面引力红移的影响

为了考察参数 x_σ 对中子星表面引力红移的影响,我们分别选择参数 x_σ 值为 0.33,0.37,0.41,0.45,0.49,0.53,0.60,而使参数 x_ω = 0.6964 以及 $x_{\rho\Lambda}$ = 0, $x_{\rho\Sigma}$ = 2 和 $x_{\rho\Xi}$ = 1 固定。

参数 x_σ 对中子星质量和表面引力红移的影响示于图 5-2。由图 5-2(a)我们可以看到,中子星的质量随着参数 x_σ 的增大而减小。这就是说,随着参数 x_σ 的增大,物态方程变软。由图 5-2(b)可见,随着超子耦合参数与核子耦合参数的比由 0.33 增大到 0.60,中子星的表面

5 大质量中子星 PSR J1614-2230 的引力红移研究

引力红移减小。

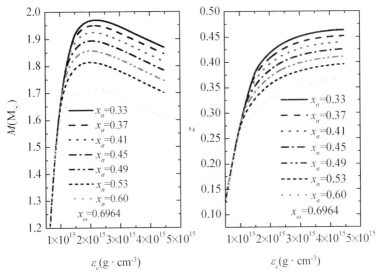

图 5-2 参数 x_σ 对中子星质量和表面引力红移的影响

简单地说,中子星的表面引力红移随着参数 x_ω 的增大而变大,随着参数 x_σ 的增大而减小。了解参数 x_σ 和 x_ω 对中子星表面引力红移的影响将使我们能够确定中子星 PSR J1614-2230 表面的引力红移的取值范围。

5.4 大质量中子星 PSR J1614-2230 的引力红移

为了确定中子星 PSR J1614-2230 表面引力红移的取值范围,根据图 2-1,我们计算了 (x_σ, x_ω) 的如下八种情况:(0.33,0.7435),(0.33,1),(0.6,1),(0.6,0.8772),(0.5,0.8772),(0.5,0.8106),(0.4,0.8106),(0.4,0.7435)。此处,我们固定参数 $x_{\rho\Lambda}=0$,$x_{\rho\Sigma}=2$ 和 $x_{\rho\Xi}=1$,并且选择 GL97 核子耦合参数组。

表 5-1 给出了对应于每一种物态方程的中子星最大质量。中子星的表面引力红移与中心能量密度的关系示于图 5-3。我们看到,中子星表面引力红移随着中心能量密度的增加而增大。因为参数 $x_\sigma=0.33$ 是计算的八种情况中最小的,所以 $x_\sigma=0.33$ 对应于表面引力红移的最大值。另外,参数 x_ω 是八种情况中的最大值,因此参数 $x_\omega=1$ 对应

于表面引力红移的最大值。所以,参数 $x_\sigma = 0.33$ 和 $x_\omega = 1$ 的情形对应于中子星 PSR J1614-2230 表面引力红移的最大值。基于同样理由,参数 $x_\sigma = 0.33$ 和 $x_\omega = 0.7435$ 的情形对应于中子星表面引力红移的最小值。图 5-3 中的阴影部分表示了我们确定的中子星 PSR J1614-2230 表面的引力红移的取值范围。

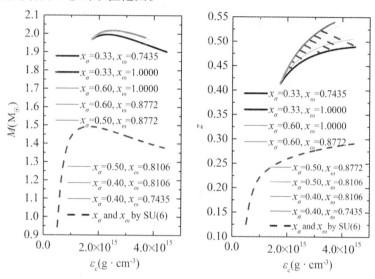

图 5-3 本工作确定的中子星 PSR J1614-2230 的质量和表面引力红移的取值范围

表 5-1 本工作中计算的对应于每一种物态方程的中子星最大质量

x_σ	x_ω	M_{max} ($M_\odot$)	x_σ	x_ω	M_{max} ($M_\odot$)
0.33	0.7435	1.9957	0.5	0.8772	2.0047
0.33	1	2.0177	0.5	0.8106	1.97
0.6	1	2.0165	0.4	0.8106	2.0039
0.6	0.8772	1.97	0.4	0.7435	1.97

注:此处,我们固定 $x_{\rho\Lambda} = 0$,$x_{\rho\Sigma} = 2$ 和 $x_{\rho\Xi} = 1$,核子耦合参数取 GL97 参数组。

表 5-2 给出了对应于中子星质量 $M = 1.970\ M_\odot$ 的中心能量密度 ε_c、半径 R、质量与半径的比值 M/R 和表面引力红移 z,表中还给出了满足 SU(6) 对称性情形计算的中子星最大质量的数值。由图 5-3 和表

5 大质量中子星 PSR J1614-2230 的引力红移研究

5-2 可见,中子星 PSR J1614-2230 表面引力红移的取值在 0.4138 ~ 0.5397 之间。图 5-3 下面的虚线曲线表示小质量中子星的表面引力红移,这些小质量中子星是由夸克结构的 SU(6) 对称性所确定的超子耦合参数所计算出来的。我们看到,小质量中子星的表面引力红移比大质量中子星 PSR J1614-2230 的表面引力红移小得多。例如,中子星中心能量密度 ε_c 为 2.7384×10^{15} g·cm^{-3} 时,小质量中子星的表面引力红移 z 仅为 0.2744,而大质量中子星 PSR J1614-2230 的表面引力红移 z 为 0.4668 ~ 0.5026。因此,我们计算的中子星 PSR J1614-2230 的表面引力红移约为小质量中子星表面引力红移的 2 倍。

表 5-2 本工作计算的对应于中子星质量 $M = 1.970$ M$_\odot$ 的中心能量密度 ε_c、半径 R、质量与半径的比值 M/R 和表面引力红移 z

x_σ	x_ω	ε_c ($\times 10^{15}$ g·cm^{-3})		R (km)		M/R (M$_\odot$/km)		z	
0.33	0.7435	1.7518	3.1741	11.64	10.752	0.1692	0.1832	0.4139	0.4761
0.33	1	0.735	3.6943	11.642	10.108	0.1692	0.1958	0.4138	0.5397
0.6	1	0.735	3.8164	11.642	10.141	0.1692	0.1943	0.4138	0.5316
0.6	0.8772	2.276	2.276	11.267	11.267	0.1748	0.1748	0.4379	0.4379
0.5	0.8772	1.7394	3.4286	11.641	10.464	0.1692	0.1883	0.4138	0.5007
0.5	0.8106	2.2457	2.2457	11.33	11.33	0.1739	0.1739	0.4337	0.4337
0.4	0.8106	1.7357	3.404	11.642	10.544	0.1692	0.1868	0.4138	0.4937
0.4	0.7435	2.222	2.222	11.382	11.382	0.1731	0.1731	0.4302	0.4302
SU(6)	SU(6)	1.6532	1.6532	12.221	12.221	0.1221	0.1221	0.2507	0.2507

注:表中给出了满足 SU(6) 对称性情形计算的中子星最大质量的数值。

图 5-4 给出了中子星 PSR J1614-2230 的表面引力红移与质量与半径的比的关系。两个圆圈之间的实线曲线部分代表中子星 PSR J1614-2230 表面引力红移的取值范围。五角星表示小质量中子星的表面引力红移。我们看到,对于中子星 PSR J1614-2230 来说,质量与半径的比值 M/R 的取值为 0.1692 ~ 0.1958,表面引力红移 z 的取值为 0.4138 ~ 0.5397。但是,对小质量中子星来说,质量与半径的比值 M/R

的取值为 0.1221，表面引力红移 z 的取值为 0.2507。中子星 PSR J1614-2230 的表面引力红移大约是小质量中子星表面引力红移的 2 倍。

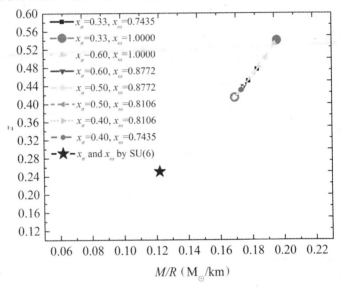

图 5-4 中子星 PSR J1614-2230 的表面引力红移与质量与半径的比的关系

5.5 结论

本章中，我们试图在强子层次上确定中子星 PSR J1614-2230 表面引力红移的取值范围。研究发现，中子星的表面引力红移随着参数 x_ω 的增大而增大，随着参数 x_σ 的增大而减小。对中子星 PSR J1614-2230 来说，其质量与半径的比值 M/R 为 0.1692~0.1958，其表面引力红移 z 为 0.4138~0.5397。但是，对于小质量中子星[由夸克结构的 SU(6) 对称性所确定的超子耦合参数计算]来说，质量与半径的比 M/R 为 0.1221，表面引力红移 z 为 0.2507。中子星 PSR J1614-2230 的表面引力红移大约是小质量中子星表面引力红移的 2 倍。

参考文献

[1] DEMOREST P B, PENNUCCI T, RANSOM S M, et al. A two-solar-mass neutron star measured using Shapiro delay[J]. Nature, 2010, 467(7319): 1081-1083.

5　大质量中子星 PSR J1614-2230 的引力红移研究

[2] VIDANA I, LOGOTETA D, PROVIDêNCIA C, et al. Estimation of the effect of hyperonic three-body forces on the maximum mass of neutron stars[J]. Europhysics Letters, 2011, 94(1): 11002.

[3] BONANNO L, SEDRAKIAN A. Composition and stability of hybrid stars with hyperons and quark color-superconductivity [J]. Astronomy & Astrophysics, 2011 (539): A16.

[4] WEISSENBORN S, CHATTERJEE D, SCHAFFNER-BIELICH J. Hyperons and massive neutron star: vector repulsion and SU(3) symmetry[J]. Physical Review C, 2012, 85(6): 065802.

[5] NUNEZ P D, NOWAKOWSKI M. Extracting information from the gravitational redshift of compact rotating objects[J]. Journal of Astrophysics and Astronomy, 2010, 31 (2): 105 – 119.

[6] ZHAO X F. The surface gravitational redshift of the neutron star PSR J1614-2230 [J]. Acta Physica Polonica B, 2013, 44(2): 211 – 219.

[7] GLENDENNING N K. Compact Stars: Nuclear Physics, Particle Physics, and General Relativity[M]. New York: Springer-Verlag, 1997.

[8] GLENDENNING N K, MOSZKOWSKI S A. Reconciliation of neutron-star masses and binding of the Lambda in hypernuclei[J]. Physical Review Letters, 1991(67): 2414 – 2417.

[9] ZHAO X F, JIA H Y. Mass of the neutron star PSR J1614-2230[J]. Physical Review C, 2012(85): 065806.

6
大质量中子星 PSR J0348+0432 的引力红移研究

6.1 不考虑质量观测误差的中子星 PSR J0348+0432 的引力红移

6.1.1 引言

中子星是恒星演变的产物,它的质量较大[1],很多中子星拥有伴星[2-3],半径范围一般在几千米到十几千米[4]。关于中子星的组成,有很多种理论模型,例如,大质量强子中子星模型[5-12],夸克—强子混合星模型[13-15],利用其他近似的强子星的模型[16-18]等。

中子星引力红移是一个重要的物理量,它联系于中子星的质量和半径的比值。如果中子星的质量和半径可以观测到,则引力红移就可以计算出来,而中子星的质量和半径可以由 TOV 方程计算出来。中子星物质的物态方程将决定中子星的质量和半径,反之,中子星的质量也将影响中子星物质的物态方程。因此,新的中子星质量将会对物态方程提供新的限制 M/R [19]。

2013 年,Antoniadis 等人观测到了大质量中子星 PSR J0348+0432,其质量 M 为 $(2.01\pm 0.04)M_\odot$ [20]。这么大的中子星质量必然会对中子星半径以及中子星引力红移提供新的限制。已有的研究表明,一般质量中子星的引力红移 z 在 $0.25\sim 0.35$ 之间[21]。但是,对于大质量中子星 PSR J0348+0432,其引力红移会如何呢? 这方面的观测数据还是缺

6 大质量中子星 PSR J0348+0432 的引力红移研究

乏的。因此,对中子星 PSR J0348+0432 的引力红移展开理论研究是有必要的。

我们首先要通过调节核子耦合参数和超子耦合参数来获得大质量中子星 PSR J0348+0432 的质量和半径[5,22-24],然后再计算引力红移,进而可以研究其性质。

本节中,我们将利用相对论平均场理论考虑以重子八重态计算研究大质量中子星 PSR J0348+0432 的引力红移[25]。

6.1.2 相对论平均场理论与参数

中子星物质的相对论平均场理论见第 2.1.2 节,中子星的质量和半径由 TOV 方程求得[见式(1-80)和式(1-90)]。

核子耦合参数取 GL85 参数组(见第 2.2.2 节)。

我们首先选择 x_σ 分别为 0.4,0.5,0.6,0.7,0.8,0.9,1.0,参数 x_ω 由拟合超子在饱和核物质中的势阱深度得到。

超子在饱和核物质中的势阱深度取为:$U_\Lambda^{(N)} = -30$ MeV[26],$U_\Sigma^{(N)} = 40$ MeV[27-30] 和 $U_\Xi^{(N)} = -28$ MeV[31]。则得到的参数 x_σ 和 x_ω 列于表 2-3。介子 ρ 和超子 Λ、Σ 和 Ξ 的耦合参数由夸克结构的 SU(6) 对称性确定:$x_{\rho\Lambda} = 0$,$x_{\rho\Sigma} = 2$ 和 $x_{\rho\Xi} = 1$[24]。

我们以前的工作表明,当 Σ 超子在饱和核物质中的势阱深度为正时,该超子不会出现[32]。因此,在表 2-3 中我们只需取 $x_{\sigma\Sigma} = 0.4$ 和 $x_{\omega\Sigma} = 0.825$,而 $x_{\sigma\Sigma} = 0.5$ 和 $x_{\omega\Sigma} = 0.9660$ 可不予考虑。经过第 2.2.2 节的过程,我们可知参数组 No. α($x_{\sigma\Lambda} = 0.8$,$x_{\omega\Lambda} = 0.9319$;$x_{\sigma\Sigma} = 0.4$,$x_{\omega\Sigma} = 0.825$;$x_{\sigma\Xi} = 0.6946$,$x_{\omega\Xi} = 0.7964$)可给出中子星 PSR J0348+0432 的质量(如图 6-1 和图 6-2 所示)。

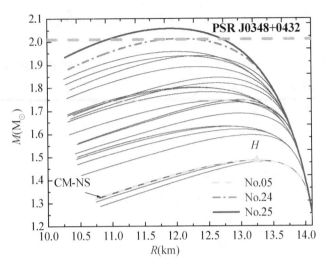

图 6-1 本工作计算的中子星质量和半径的关系

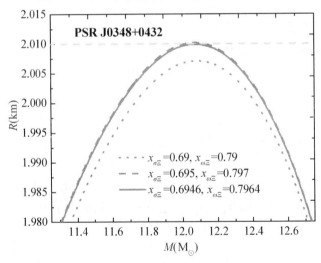

图 6-2 中子星 PSR J0348+0432 质量的拟合过程

同样地,我们也选择参数 No. 05($x_{\sigma\Lambda}$ =0.4, $x_{\omega\Lambda}$ =0.3679; $x_{\sigma\Sigma}$ = 0.4, $x_{\omega\Sigma}$ =0.825; $x_{\sigma\Xi}$ =0.8, $x_{\omega\Xi}$ =0.945)描述的典型质量中子星(称为 CM-NS)作为对比(见第 2.2.2 节)。

6.1.3 大质量中子星 PSR J0348+0432 的半径

在我们的工作中,计算的中子星 PSR J0348+0432 的质量 M 为

6 大质量中子星 PSR J0348+0432 的引力红移研究

2.01 $M_\odot$,而典型质量中子星的质量 M 为 1.48 $M_\odot$,前者为后者的 1.36 倍。

中子星的能量密度和压强与重子数密度的关系示于图 6-3。可见,当重子数密度较小时,参数 No.α 计算的能量密度和压强与参数 No.05 计算的能量密度和压强几乎没有差别;但是,在中子星核心区域附近,参数 No.α 计算的能量密度和压强要大于参数 No.05 计算的能量密度和压强。这即是说,大质量中子星 PSR J0348+0432 的能量密度和压强要比典型质量中子星的能量密度和压强分别要大。

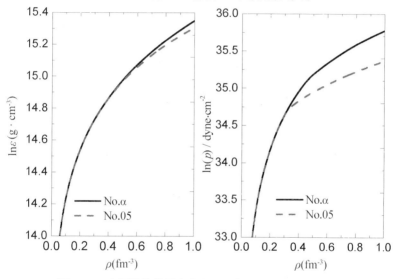

图 6-3 中子星的能量密度和压强与重子数密度的关系

中子星的半径与中心能量密度的关系示于图 6-4。我们看到,参数 No.05 计算的中子星半径要大于参数 No.α 计算的中子星半径。大质量中子星 PSR J0348+0432 的半径 R 为 12.072km,而典型质量中子星的半径 R 为 13.245 km,即典型质量中子星的半径比大质量中子星 PSR J0348+0432 的半径大 9%(见表 6-1)。

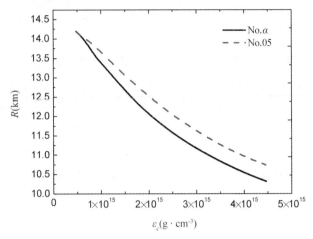

图 6-4 中子星的半径与中心能量密度的关系

表 6-1 本工作计算的中子星质量 M、半径 R、中心重子数密度 ρ_c 和引力红移 z

中子星	M ($M_\odot$)	R (km)	ρ_c (fm^{-3})	z
PSR J0348 +0432	2.01	12.072	0.9153	0.4026
CM-NS	1.48	13.245	0.6961	0.2226

6.1.4 大质量中子星 PSR J0348 +0432 的引力红移

中子星的引力红移可由式(6-1)计算[19]:

$$z = \left(1 - \frac{2M}{R}\right)^{-\frac{1}{2}} - 1 \qquad (6-1)$$

由上述可知,中子星 PSR J0348 +0432 和典型质量中子星物态方程的区别必将导致质量和半径的差异。由于中子星引力红移与中子星质量与半径的比(M/R)有关[见式(6-1)],因此,物态方程的区别也必然导致二者引力红移的不同。

中子星引力红移 z 与中心能量密度 ε_c 的关系示于图 6-5。由图可见,大质量中子星 PSR J0348 +0432 的引力红移 z 为 0.4026,典型质量中子星的引力红移 z 为 0.2226(见表 6-1),即中子星 PSR J0348 +0432 的引力红移约是典型质量中子星引力红移的 1.8 倍。Liang 给出的引力红移的范围是 0.25~0.35[21],它显然比大质量中子星 PSR J0348 +0432 的引力红移小很多,其原因是大质量中子星 PSR J0348 +0432 的

6 大质量中子星 PSR J0348+0432 的引力红移研究

质量比以前观测到的中子星的质量大得多。

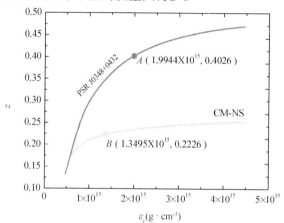

图 6-5 中子星引力红移与中心能量密度的关系

图 6-6 和图 6-7 分别给出了中子星引力红移 z 与半径 R 或者与质量 M 的关系。我们看到,中子星的引力红移 z 随着半径 R 的增大而减小,却随着质量 M 的增大而增大。

由公式(6-1)可知,引力红移 z 和质量与半径的比值 M/R 正相关。对中子星 PSR J0348+0432 来说,这个比值为 0.1665,而对于典型质量中子星来说,此比值为 0.1121,前者大于后者。因此,大质量中子星 PSR J0348+0432 的引力红移大于典型质量中子星的引力红移。

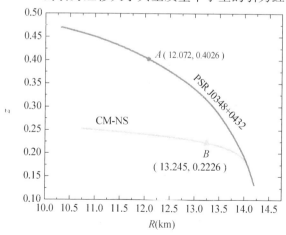

图 6-6 中子星引力红移与半径的关系

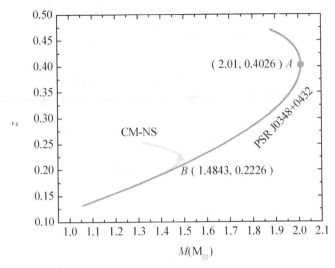

图6-7 中子星引力红移与质量的关系

本工作中,通过反复调节我们得到了一组超子耦合参数,利用该组超子耦合参数我们得到了中子星 PSR J0348+0432 的质量,并进而研究了其引力红移。我们还可以通过类似的步骤得到很多组这样的超子耦合参数来描述这颗大质量中子星的质量并进而研究其引力红移等性质。因此,本工作使用的超子耦合参数只是这众多参数中的其中一组。尽管如此,我们的结果在某种程度上还是能够说明大质量中子星 PSR J0348+0432 的性质尤其是引力红移的性质的。

6.1.5 小结

本工作中,我们利用相对论平均场理论并考虑以重子八重态计算研究了大质量中子星 PSR J0348+0432 的引力红移。研究发现,如果超子在饱和核物质中的势阱深度取 $U_\Lambda^{(N)} = -30$ MeV,$U_\Sigma^{(N)} = 40$ MeV,$U_\Xi^{(N)} = -28$ MeV,ρ 介子与超子的耦合参数取 $x_{\rho\Lambda} = 0$,$x_{\rho\Sigma} = 2$ 和 $x_{\rho\Xi} = 1$,核子耦合参数取 GL85 参数组,那么,我们就可以得到一组超子耦合参数用以描述大质量中子星 PSR J0348+0432 的质量,进而利用它来研究该大质量中子星的引力红移。

我们发现,大质量中子星 PSR J0348+0432 的半径和引力红移分别为 $R = 12.072$ km 和 $z = 0.4026$,典型质量中子星的半径和引力红移分

6 大质量中子星 PSR J0348+0432 的引力红移研究

别为 $R = 13.245$ km 和 $z = 0.2226$。这就是说,大质量中子星 PSR J0348+0432 的半径比典型质量中子星的半径大约小 9%,而大质量中子星 PSR J0348+0432 的引力红移比典型质量中子星引力红移大,大约是它的 1.8 倍。

最近发表的关于超子密实物质和密实星的工作表明,假定大质量中子星包含超子自由度或许是合理的[33-36]。我们的计算结果与这些结论是一致的。

关于中子星 PSR J0348+0432 的结果应该也适用于被定义为接近 $2 M_\odot$ 中子星的"大质量中子星"。

6.2 考虑质量观测误差的中子星 PSR J0348+0432 的引力红移

6.2.1 引言

中子星表面引力红移密切联系于中子星质量 M 与半径 R 的比值 M/R。如果知道了质量 M 或者半径 R 中的一个,那么,我们就可以通过中子星表面引力红移的测量来计算出另一个物理量[19]。

中子星质量的数值将会通过因果方程对半径有所限制。受因果方程计算的大质量中子星 PSR J1614-2230 的质量所限制,其半径范围 R 为 $8.3 \sim 12$ km[4]。因此,新的中子星质量的观测将会给中子星半径提供新的限制,进而将会对中子星表面引力红移有所限制。相反,中子星表面引力红移的观测也会对中子星的质量和半径提供新的限制。

2013 年发现的具有质量 $(2.01 \pm 0.04) M_\odot$ 的中子星 PSR J0348+0432 是迄今发现的最大质量中子星[20]。这样大的质量必定会对中子星的表面引力红移提供限制。对于小于中子星 PSR J0348+0432 质量的中子星来说,其引力红移 z 的数值范围为 $0.25 \sim 0.35$[21]。那么,大质量中子星 PSR J0348+0432 的引力红移呢?

为了计算大质量中子星 PSR J0348+0432 的表面引力红移,我们必须首先在理论上计算得到它的质量和半径。

如果考虑到中子星包含超子自由度,中子星的质量 M 被确定为在 $1.5 \sim 1.97 M_\odot$ 范围之间,但是,如果认为中子星只包含核子,则其质量

M 可达到 2.36 $M_\odot^{[22-23]}$。超子的出现将减小中子星的质量。

中子星是密实星,因而超子自由度是应该考虑的[22]。理论计算结果表明,中子星质量对超子耦合参数很敏感[5]。超子耦合参数的选取方法之一是介子 ρ 和 ω 与超子的耦合参数由夸克结构的 SU(6) 对称性确定,而介子 σ 与超子的耦合参数通过拟合超子 Λ、Σ 和 Ξ 在饱和核物质中的势阱深度来得到。

可以预期,如果核子耦合参数和超子耦合参数选取得适当,大质量中子星的质量是可以得到的。

本节中,我们利用相对论平均场理论并考虑重子八重态计算研究了大质量中子星 PSR J0348+0432 的引力红移[37]。在这一工作中,我们考虑到中子星 PSR J0348+0432 的质量观测误差而认为其质量为:1.97 $M_\odot \leqslant M \leqslant$ 2.05 $M_\odot$。

6.2.2 计算理论和参数选取

中子星物质的相对论平均场理论见第 2.1.2 节,中子星的半径和质量由 TOV 方程求解[式(1-80) 和式(1-90)],中子星的表面引力红移由式(6-1)计算。

本工作中,核子耦合参数取 GL85 参数组。

对超子耦合参数与核子耦合参数的比 x_σ 来说,我们首先选择 x_σ 分别为 0.4,0.5,0.6,0.7,0.8,0.9,1.0。而参数 x_ω 由式(2-11)通过拟合超子 Λ、Σ 和 Ξ 在饱和核物质中的势阱深度得到。ρ 介子与超子的耦合参数由夸克结构的 SU(6) 对称性确定:$x_{\rho\Lambda} = 0$,$x_{\rho\Sigma} = 2$ 和 $x_{\rho\Xi} = 1^{[24]}$。

本工作选择的超子势阱深度为 $U_\Lambda^{(N)} = -30$ MeV[26],$U_\Sigma^{(N)} = +40$ MeV[27-30] 和 $U_\Xi^{(N)} = -28$ MeV[31]。

采用上述方法得到的超子耦合参数与核子耦合参数的比值以及所拟合的超子势阱深度列于表 6-2。

6　大质量中子星 PSR J0348 +0432 的引力红移研究

表6-2　本工作计算的拟合于超子势阱深度的超子耦合参数与核子耦合参数的比值

$x_{\sigma\Lambda}$	$x_{\omega\Lambda}$	$U_{\Lambda}^{(N)}$ (MeV)	$x_{\sigma\Sigma}$	$x_{\omega\Sigma}$	$U_{\Sigma}^{(N)}$ (MeV)	$x_{\sigma\Xi}$	$x_{\omega\Xi}$	$U_{\Xi}^{(N)}$ (MeV)
0.4	0.3679	-30.03	0.4	0.8250	40.0005	0.4	0.3811	-28.0041
0.5	0.5090	-30.01	0.5	0.9660	40.0044	0.5	0.5221	-28.0002
0.6	0.6500	-30.0032				0.6	0.6630	-28.0116
0.7	0.7909	-30.0146				0.7	0.8040	-28.0076
0.8	0.9319	-30.0106				0.8	0.9450	-28.0037

注：此处,超子势阱深度分别取 $U_{\Lambda}^{(N)}$ = -30 MeV, $U_{\Sigma}^{(N)}$ = 40 MeV 和 $U_{\Xi}^{(N)}$ = -28 MeV。

因为 Σ 超子在饱和核物质中的势阱深度 $U_{\Sigma}^{(N)}$ = 40 MeV >0,因此,在中子星内部超子 Σ 不会出现[32]。所以我们只需取 $x_{\sigma\Sigma}$ = 0.4 和 $x_{\omega\Sigma}$ = 0.825,而参数 $x_{\sigma\Sigma}$ = 0.5 和 $x_{\omega\Sigma}$ = 0.9660 可以略去。因此,由表6-2我们可以组成25组参数,对于每一组参数我们分别计算出相应的中子星质量。结果表明,只有参数 No. 24 ($x_{\sigma\Lambda}$ = 0.8, $x_{\omega\Lambda}$ = 0.9319; $x_{\sigma\Sigma}$ = 0.4, $x_{\omega\Sigma}$ = 0.825; $x_{\sigma\Xi}$ = 0.7, $x_{\omega\Xi}$ = 0.804) 和参数 No. 25 ($x_{\sigma\Lambda}$ = 0.8, $x_{\omega\Lambda}$ = 0.9319; $x_{\sigma\Sigma}$ = 0.4, $x_{\omega\Sigma}$ = 0.825; $x_{\sigma\Xi}$ = 0.8, $x_{\omega\Xi}$ = 0.945) 可以给出大质量中子星 PSR J0348 +0432 的质量。所以,我们可以用它们来描述大质量中子星 PSR J0348 +0432 的表面引力红移。另外,参数 No. 05 ($x_{\sigma\Lambda}$ = 0.4, $x_{\omega\Lambda}$ = 0.3679; $x_{\sigma\Sigma}$ = 0.4, $x_{\omega\Sigma}$ = 0.825; $x_{\sigma\Xi}$ = 0.8, $x_{\omega\Xi}$ = 0.945) 计算的中子星最大质量为 1.4843 $M_\odot$,称为典型质量中子星(记为 CM-NS),用它作为比较。

6.2.3　大质量中子星 PSR J0348 +0432 的表面引力红移

图6-8给出了中子星半径与质量的关系。图中,AB 曲线段和 EF 曲线段表示稳定的中子星,而 BC 曲线段和 FG 曲线段表示不稳定中子星。我们主要关心的是稳定的中子星。我们看到,中子星 PSR J0348 +0432 的质量比典型质量中子星的质量大得多,而典型质量中子星的半径也比中子星 PSR J0348 +0432 的半径大得多。

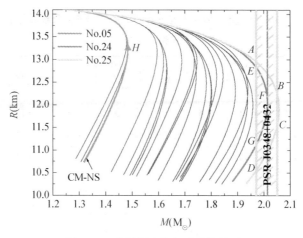

图6-8 中子星半径与质量的关系

中子星表面引力红移与中心能量密度的关系示于图6-9。AB 曲线段和 EF 曲线段表示大质量中子星 PSR J0348+0432 的表面引力红移。曲线段 AB 给出的表面引力红移的范围是：$0.3473<z<0.4064$，曲线段 EF 给出的表面引力红移的范围是：$0.3522<z<0.4043$。结合这两种情况，大质量中子星 PSR J0348+0432 的表面引力红移 z 应该在 $0.3473\sim0.4064$ 范围之内。对于典型质量中子星（No.05），对应于中子星最大质量的表面引力红移 z 为 0.2226。可见，大质量中子星 PSR J0348+0432 的表面引力红移大约是典型质量中子星表面引力红移的 $1.56\sim1.8$ 倍。

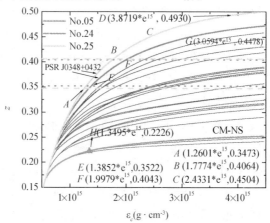

图6-9 中子星表面引力红移与中心能量密度的关系

图 6-10 给出了不同组超子耦合参数计算的中子星最大质量所对应的表面引力红移。我们看到,不同组超子耦合参数计算的中子星最大质量所对应的表面引力红移是不同的。对于超子耦合参数 No.05,其中的参数 $x_{\sigma\Lambda}$ 和 $x_{\omega\Lambda}$ 要小于参数 No.24 和 No.25 中相应的参数值。由图 6-8 和表 6-2 我们看到,参数 No.05 计算的中子星质量比参数 No.24 和 No.25 计算的中子星质量小得多,而参数 No.05 计算的中子星半径比参数 No.24 和 No.25 计算的中子星半径大一些,但是,比质量小的程度小些。因此,参数 No.05 计算的中子星表面引力红移要比参数 No.24 和 No.25 计算的小些(如图 6-10 所示)。这表明,较大的参数 $x_{\sigma\Lambda}$ 和 $x_{\omega\Lambda}$ 对应着较大的中子星表面引力红移。

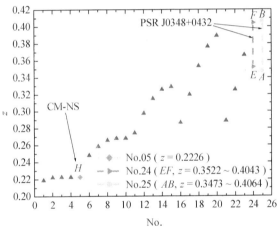

图 6-10 不同组超子耦合参数计算的中子星最大质量所对应的表面引力红移

中子星表面引力红移与半径的关系示于图 6-11。我们看到,中子星表面引力红移随着半径的增大而减小。对参数 No.24 来说,半径的范围 R 是 12.062~12.840 km;对参数 No.25 来说,半径 R 的范围是 12.246~12.957 km。换句话说,中子星 PSR J0348+0432 的半径 R 在 12.062~12.957 km 范围之内。但是,对于典型质量中子星(No.05),其半径 R 大至 13.245 km。但是所有这些结果都不能解释中子星表面引力红移的数值大小。

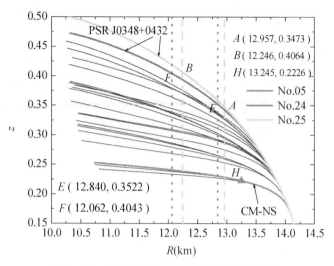

图 6 – 11　中子星表面引力红移与半径的关系

图 6 – 12 给出了中子星表面引力红移与质量的关系。我们看到，对于相应于稳定中子星的 AB 曲线段和 EF 曲线段来说，中子星的表面引力红移随着质量的增大而增大。对参数 No. 24 来说，中子星的质量 M 范围是 1.97 ~ 2.0132 $M_\odot$，参数 No. 25 计算的中子星质量 M 是的 1.97 ~ 2.05 $M_\odot$。这即是说，大质量中子星 PSR J0348 + 0432 的质量范围是 1.97 ~ 2.05 $M_\odot$。至于典型质量中子星(No. 05)，计算的中子星最大质量小至 1.4843 $M_\odot$。可以看到，中子星 PSR J0348 + 0432 的质量比典型质量中子星的质量大，而中子星 PSR J0348 + 0432 的半径比典型质量中子星的小，即：中子星 PSR J0348 + 0432 的质量与半径的比值 M/R 比典型质量中子星的大。由式(6 – 1)可知，表面引力红移正相关于比值 M/R。所以，中子星 PSR J0348 + 0432 的表面引力红移比典型质量中子星的大。

6 大质量中子星 PSR J0348+0432 的引力红移研究

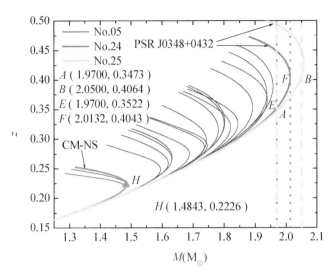

图 6-12 中子星表面引力红移与质量的关系

6.2.4 小结

本节中,利用相对论平均场理论通过调节超子耦合参数计算研究了大质量中子星 PSR J0348+0432 的表面引力红移。研究发现,如果超子势阱深度取 $U_\Lambda^{(N)} = -30$ MeV, $U_\Sigma^{(N)} = 40$ MeV 和 $U_\Xi^{(N)} = -28$ MeV,ρ 介子与超子的耦合参数取: $x_{\rho\Lambda} = 0$, $x_{\rho\Sigma} = 2$ 和 $x_{\rho\Xi} = 1$,核子耦合参数取 GL85 参数组,则我们可以构成 25 组超子耦合参数。其中的两组可以描述大质量中子星 PSR J0348+0432 的质量。我们看到,大质量中子星 PSR J0348+0432 的半径和表面引力红移分别是: $R = 12.062 \sim 12.957$ km, $z = 0.3473 \sim 0.4064$。无论如何,典型质量中子星的半径和表面引力红移分别为 $R = 13.245$ km 和 $z = 0.2226$。大质量中子星 PSR J0348+0432 的表面引力红移大约是典型质量中子星表面引力红移的 1.56~1.8 倍。

在我们的工作中,我们假定中子星是静态球对称的。但是,真实的中子星却是高速旋转并具有很强磁场的。我们知道,中子星的高速旋转和强磁场必将影响到它的质量和半径,并进而影响它的表面引力红移。

另外,Astashenok 等人考虑了微扰引力中的中子星模型。结果表明,这些影响将导致比广义相对论效应更为紧密的密实星[38],而这将不可避免地影响到中子星的引力红移。

由上述我们看到,本工作所用的方法不是足够精确的,并且中子星的某些特征诸如中子星的高速旋转、强磁场及微扰引力等因素我们没有考虑到。

6.3 介子 $f_0(975)$ 和 $\varphi(1020)$ 对中子星 PSR J0348+0432 引力红移的影响(1)

6.3.1 引言

2010 年,Demorest 等人首次观测到大质量中子星 PSR J1614-2230[1],之后,人们采用各种方法对它进行了理论研究[6,9,11-12,15-18,39-41]。

2013 年,Antoniadis 等人又发现了另一颗质量更大的中子星 PSR J0348+0432(质量 M 为 2.01 ± 0.04 $M_\odot$)[20]。中子星质量将限制其性质,诸如能量密度、压强、重子数密度和化学势等,因为中子星的这些性质依赖于中子星的最大质量[42]。

中子星尤其是大质量中子星是高密度物质,在中子星内部应该有超子产生。核—核子之间的相互作用可以由介子 σ、ω 和 ρ 表示[22]。但是,超子—超子之间的相互作用却可以由介子 $f_0(975)$ 和 $\varphi(1020)$ 描述[43]。

在利用相对论平均场理论计算中子星物质时,核子耦合参数和超子耦合参数必须要首先确定下来。理论结果表明,核子耦合参数组 GL85 可以很好地描述中子星物质[22]。至于超子耦合参数有许多种选取方法。例如,我们可以通过夸克结构的 SU(6) 的对称性来选取介子 ω 和 ρ 与超子的耦合参数,而介子 σ 与超子的耦合参数则通过拟合超子 Λ、Σ 和 Ξ 在饱和核物质中的势阱深度来得到[5]。这种选择超子耦合参数的方法可以将核物理实验的最新进展与中子星的天文观测联系起来,从而可以及时地对将核物理理论应用到核天体物理去的适用性问题做出检验。

中子星的表面引力红移密切联系于中子星的质量,因此,它也是一

6 大质量中子星 PSR J0348 + 0432 的引力红移研究

个重要的物理量[19]。但是,关于中子星 PSR J0348 + 0432 的表面引力红移的天文观测数据和理论研究还是比较少的,所以,理论研究中子星 PSR J0348 + 0432 的表面引力红移是很有必要的。

本节中,利用相对论平均场理论,考虑到重子八重态在强子层次上,我们计算研究了介子 $f_0(975)$ 和 $\varphi(1020)$ 对中子星 PSR J0348 + 0432 表面引力红移的影响[44]。

6.3.2 计算理论和参数选取

介子 $f_0(975)$ 和 $\varphi(1020)$ 的相对论平均场理论见第 4.2.2 节,核子耦合参数取 GL85 参数组(见第 2.2.2 节)。

根据夸克结构的 SU(6) 对称性,我们取 ρ 介子与超子 Λ、Σ 和 Ξ 的耦合参数分别为 $x_{\rho\Lambda} = 0$,$x_{\rho\Sigma} = 2$ 和 $x_{\rho\Xi} = 1$[24]。

超子耦合参数与核子耦合参数的比值在 $1/3 \sim 1$ 之间[23]。因此,我们可以首先选择参数 $x_{\sigma h}$ 分别为 0.4, 0.5, 0.6, 0.7, 0.8, 0.9,考虑到超子在饱和核物质中的势阱深度,由式(2-11)可以得到参数 $x_{\omega h}$。其中的 h 表示超子 Λ、Σ 和 Ξ。

本工作中超子势阱深度我们分别取:$U_\Lambda^{(N)} = -30$ MeV[26],$U_\Sigma^{(N)} = 40$ MeV[27-30] 和 $U_\Xi^{(N)} = -28$ MeV[31]。

当参数 $x_{\sigma\Lambda} = 0.9$ 时,超子势阱深度的限制参数 $x_{\omega\Lambda}$ 为 1.0729,应该删除掉。因此,我们的选择是 $x_{\sigma\Lambda}$ 分别取 0.4, 0.5, 0.6, 0.7, 0.8,相应地,我们分别得到参数 $x_{\omega\Lambda}$ 分别取 0.3679, 0.5090, 0.6500, 0.7909, 0.9319。

当参数 $x_{\sigma\Sigma}$ 分别等于 0.6, 0.7, 0.8, 0.9 时,考虑到超子势阱深度的限制,参数 $x_{\omega\Sigma}$ 都将大于 1(例如,$x_{\sigma\Sigma} = 0.6$ 时,$x_{\omega\Sigma} = 1.1069$)。所以,我们选择 $x_{\sigma\Sigma}$ 分别为 0.4, 0.5,相应地,我们得到参数 $x_{\omega\Sigma}$ 等于 0.8250 和 0.9660。因为正的超子势阱深度 $U_\Sigma^{(N)}$ 将抑制超子 Σ 的产生[32],所以我们只需选择参数 $x_{\sigma\Sigma} = 0.4$,$x_{\omega\Sigma} = 0.8250$,而参数 $x_{\sigma\Sigma} = 0.5$,$x_{\omega\Sigma} = 0.9660$ 可不予考虑(见表 6-3)。

表6-3 本工作中采用的拟合于超子势阱深度实验值的超子耦合参数

No.	$x_{\sigma\Lambda}$	$x_{\omega\Lambda}$	$x_{\sigma\Sigma}$	$x_{\omega\Sigma}$	$x_{\sigma\Xi}$	$x_{\omega\Xi}$
(01~30)	0.4	0.3679	0.4	0.8250	0.4134	0.4
	0.5	0.5090	0.5	0.9660	0.4843	0.5
	0.6	0.6500			0.5553	0.6
	0.7	0.7909			0.6262	0.7
	0.8	0.9319			0.6971	0.8
					0.7681	0.9
31	0.8	0.9319	0.4	0.8250	0.7752	0.91
32	0.8	0.9319	0.4	0.8250	0.7893	0.93
33	0.8	0.9319	0.4	0.8250	0.8035	0.95
34	0.8	0.9319	0.4	0.8250	0.8177	0.97
35	0.8	0.9319	0.4	0.8250	0.8319	0.99
36	0.8	0.9319	0.4	0.8250	0.8326	0.991
37	0.8	0.9319	0.4	0.8250	0.8340	0.993
38	0.8	0.9319	0.4	0.8250	0.8355	0.995
39	0.8	0.9319	0.4	0.8250	0.8369	0.997
40	0.8	0.9319	0.4	0.8250	0.8383	0.999

注:此处,超子势阱深度分别取为 $U_\Lambda^{(N)} = -30$ MeV, $U_\Sigma^{(N)} = +40$ MeV 和 $U_\Xi^{(N)} = -28$ MeV。

对于参数 $x_{\omega\Xi}$,我们首先取 $x_{\omega\Xi}$ 分别为 0.4,0.5,0.6,0.7,0.8,0.9,通过拟合超子势阱深度而得到的参数 $x_{\sigma\Xi}$ 列于表6-3。

由上述选择的参数,我们可以构造出30组超子耦合参数(称为No.01~30),对每一组参数我们利用TOV方程式(1-80)和式(1-90)计算出中子星的最大质量(如图6-13所示)。

6 大质量中子星 PSR J0348+0432 的引力红移研究

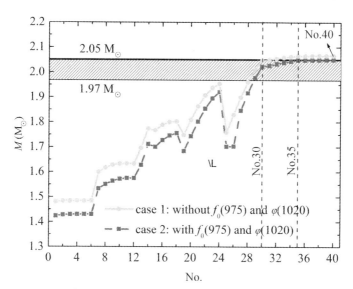

图 6-13 不同组超子耦合参数计算的中子星最大质量

介子 $f_0(975)$ 和 $\varphi(1020)$ 与超子的耦合参数分别取 $g_{f\Lambda}/g_\sigma = g_{f\Sigma}/g_\sigma = 0.69$,$g_{f\Xi}/g_\sigma = 1.25$ 和 $g_{\varphi\Xi} = 2g_{\varphi\Lambda} = -2\sqrt{2}g_\omega/3$(见第 4.2.3 节)。

对于参数 No.1~No.30,考虑到介子 $f_0(975)$ 和 $\varphi(1020)$ 的影响,计算得到的中子星质量示于图 6-13。

由图 6-13 我们看到,考虑介子 $f_0(975)$ 和 $\varphi(1020)$ 时计算的中子星最大质量要小于没有考虑这两种介子时计算的中子星最大质量。无论考虑介子 $f_0(975)$ 和 $\varphi(1020)$ 与否,参数 No.30($x_{\sigma\Lambda} = 0.8$,$x_{\omega\Lambda} = 0.9319$;$x_{\sigma\Sigma} = 0.4$,$x_{\omega\Sigma} = 0.8250$;$x_{\sigma\Xi} = 0.7681$,$x_{\omega\Xi} = 0.9$)都将给出中子星的最大质量。但是,所给出的中子星最大质量仍然小于 $2.05\ M_\odot$。

为了获得更大的中子星质量,我们选择参数 $x_{\omega\Xi}$ 分别为 0.91,0.93,0.95,0.97,0.99,通过拟合超子势阱深度 $U_\Xi^{(N)} = -28$ MeV,我们分别得到参数 $x_{\sigma\Xi}$ 为 0.7752,0.7893,0.8035,0.8177,0.8319。这样,我们分别得到了参数 No.31~No.35。我们发现,考虑到介子 $f_0(975)$ 和 $\varphi(1020)$ 的影响,利用这五组超子耦合参数计算的中子星最大质量(No.35)也还是小于 $2.05\ M_\odot$ 的。因此,通过进一步选择参数 $x_{\omega\Xi}$ 分别

为 0.991,0.993,0.995,0.997,0.999,通过拟合超子势阱深度 $U_{\Xi}^{(N)}$ = -28 MeV,我们得到了相应的 $x_{\sigma\Xi}$ 的五组参数,新得到的五组超子耦合参数称为 No.36 ~ No.40。我们发现,考虑到介子 $f_0(975)$ 和 $\varphi(1020)$ 的贡献,由参数 No.40 计算得到的中子星最大质量为 2.05 $M_\odot$。

接下来,我们使用参数 No.40($x_{\sigma\Lambda}$ = 0.8, $x_{\omega\Lambda}$ = 0.9319; $x_{\sigma\Sigma}$ = 0.4, $x_{\omega\Sigma}$ = 0.8250; $x_{\sigma\Xi}$ = 0.8383, $x_{\omega\Xi}$ = 0.999)来研究介子 $f_0(975)$ 和 $\varphi(1020)$ 对大质量中子星 PSR J0348 + 0432 表面引力红移的影响。

6.3.3 不考虑介子 $f_0(975)$ 和 $\varphi(1020)$ 的中子星 PSR J0348 + 0432 的引力红移

对于中子星 PSR J0348 + 0432,其观测质量为:1.97 $M_\odot$ ≤ M ≤ 2.05 $M_\odot$。

首先对于 case 1,我们假定中子星 PSR J0348 + 0432 不含有介子 $f_0(975)$ 和 $\varphi(1020)$。此时,我们利用超子耦合参数组 No.40 来进行计算。

我们计算的对应于质量 1.97 $M_\odot$ 的中子星 PSR J0348 + 0432 的半径 R 为 12.964 km,而对应于质量 2.05 $M_\odot$ 的中子星半径 R 为 12.364 km。在这种情形下,由中子星 PSR J0348 + 0432 的观测质量 1.97 ~ 2.05 $M_\odot$ 所限定的中子星半径应该为 12.964 ~ 12.364 km(如图 6 - 14 所示)。

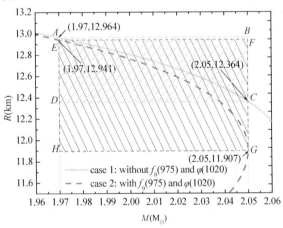

图 6 - 14 中子星半径和质量的关系

注:case 1 没有考虑介子 $f_0(975)$ 和 $\varphi(1020)$,而 case 2 考虑了这两种介子。

中子星的表面引力红移由式(6 - 1)计算。

6 大质量中子星 PSR J0348+0432 的引力红移研究

根据前面得到的中子星 PSR J0348+0432 的质量 M 和半径 R，我们可计算出其表面引力红移。当质量 $M=1.97\ M_\odot$ 和半径 $R=12.964$ km 时，表面引力红移 z 为 0.3469；而当质量 $M=2.05\ M_\odot$ 和半径 $R=12.364$ km 时，表面引力红移 z 为 0.3997（如图 6-15 所示）。这样，当不考虑介子 $f_0(975)$ 和 $\varphi(1020)$ 时，大质量中子星 PSR J0348+0432 的表面引力红移应该被限制在范围 0.3469~0.3997 之间。

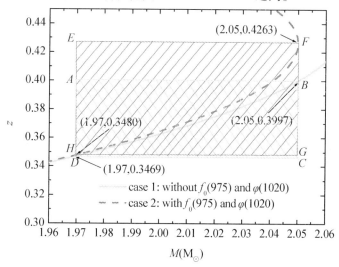

图 6-15　中子星表面引力红移与质量的关系

注：case 1 没有考虑介子 $f_0(975)$ 和 $\varphi(1020)$，而 case 2 包含了它们。

6.3.4　考虑介子 $f_0(975)$ 和 $\varphi(1020)$ 时中子星 PSR J0348+0432 的引力红移

接下来，我们假设中子星 PSR J0348+0432 包含了介子 $f_0(975)$ 和 $\varphi(1020)$。此时，我们还是利用超子耦合参数组 No.40 来进行计算。

对应于中子星 PSR J0348+0432 的质量 $M=1.97\ M_\odot$，计算的半径为 $R=12.941$ km；而对应于质量 $M=2.05\ M_\odot$，计算的半径为 $R=11.907$ km。如此看来，由中子星 PSR J0348+0432 的观测质量为 1.97~2.05 $M_\odot$ 所限定的中子星半径应该在 12.941~11.907 km 范围之内。

根据前面得到的中子星 PSR J0348+0432 的质量 M 和半径 R，我们可以进一步计算它的表面引力红移。由质量 $M=1.97\ M_\odot$ 和半径

$R = 12.941$ km,我们得到中子星 PSR J0348 + 0432 的表面引力红移为 $z = 0.3480$;由质量 $M = 2.05$ $M_\odot$ 和半径 $R = 11.907$ km,我们得到中子星 PSR J0348 + 0432 的表面引力红移 z 为 0.4263。这样,当考虑介子 $f_0(975)$ 和 $\varphi(1020)$ 时,大质量中子星 PSR J0348 + 0432 的表面引力红移 z 应该被限制在 0.3480 ~ 0.4263 范围之内。

6.3.5 中子星 PSR J0348 + 0432 引力红移的讨论

由上述所得结果我们看到,中子星 PSR J0348 + 0432 的观测质量 M 为 1.97 ~ 2.05 $M_\odot$ 所限定的半径取值范围如下:当不考虑介子 $f_0(975)$ 和 $\varphi(1020)$ 时,半径 R 为 12.964 ~ 12.364 km;当考虑这两种介子时,半径 R 为 12.941 ~ 11.907 km。这就是说,考虑到介子 $f_0(975)$ 和 $\varphi(1020)$ 的贡献,中子星 PSR J0348 + 0432 的半径 R 由 12.964 ~ 12.364 km 变为 12.941 ~ 11.907 km。

我们还可以看到,中子星 PSR J0348 + 0432 的观测质量 M 为 1.97 ~ 2.05 $M_\odot$ 时所限定的中子星表面引力红移的取值范围如下:当不考虑介子 $f_0(975)$ 和 $\varphi(1020)$ 的贡献时,中子星 PSR J0348 + 0432 的表面引力红移 z 为 0.3469 ~ 0.3997;当考虑介子 $f_0(975)$ 和 $\varphi(1020)$ 的贡献时,中子星 PSR J0348 + 0432 的表面引力红移 z 为 0.3480 ~ 0.4263。即考虑到介子 $f_0(975)$ 和 $\varphi(1020)$ 的贡献,中子星 PSR J0348 + 0432 的表面引力红移 z 由 0.3469 ~ 0.3997 增大到 0.3480 ~ 0.4263。

上述结果也可见于表 6 - 4。

表 6 - 4 本工作计算的中子星半径和表面引力红移

case	ε_c ($\times 10^{15}$ g·cm^{-3})	M ($M_\odot$)	R (km)	z
1	1.2470	1.97	12.964	0.3469
1	1.6721	2.05	12.364	0.3997
2	1.2754	1.97	12.941	0.3480
2	2.0660	2.05	11.907	0.4263

注:case 1 没有考虑介子 $f_0(975)$ 和 $\varphi(1020)$,而 case 2 考虑了这两种介子。

6.3.6 小结

本节中,我们利用相对论平均场理论在考虑和不考虑介子 $f_0(975)$

6 大质量中子星 PSR J0348 +0432 的引力红移研究

和 $\varphi(1020)$ 的两种情况下通过调节超子耦合参数分别拟合得到了大质量中子星 PSR J0348 +0432 的质量。然后,我们研究了介子 $f_0(975)$ 和 $\varphi(1020)$ 对中子星半径和表面引力红移的影响。研究发现,和不考虑介子 $f_0(975)$ 和 $\varphi(1020)$ 的情况相比,中子星 PSR J0348 +0432 的观测质量为 $1.97 \sim 2.05 \, M_\odot$ 所限定的半径范围由 $12.964 \sim 11.364 \text{ km}$ 变化到更宽的范围 $12.941 \sim 11.907 \text{ km}$。

由前面所得到的中子星 PSR J0348 +0432 的表面引力红移 z 可知,考虑到介子 $f_0(975)$ 和 $\varphi(1020)$ 的贡献,该中子星的观测质量 $1.97 \sim 2.05 \, M_\odot$ 所限定的中子星表面引力红移将由 $0.3469 \sim 0.3997$ 变化到 $0.3480 \sim 0.4263$,而中心能量密度 ε_c 则由 $1.2470 \times 10^{15} \sim 1.6721 \times 10^{15} \text{ g} \cdot \text{cm}^{-3}$ 变化到 $1.2754 \times 10^{15} \sim 2.0660 \times 10^{15} \text{ g} \cdot \text{cm}^{-3}$。

这意味着考虑到介子 $f_0(975)$ 和 $\varphi(1020)$ 的贡献,中子星的半径 R、表面引力红移 z 和中心能量密度 ε_c 都将被限制到一个更为宽泛的范围内。

由上述结果可见,无论是否考虑大质量中子星 PSR J0348 +0432 内部的介子 $f_0(975)$ 和 $\varphi(1020)$ 的贡献,中子星半径和表面引力红移的差别都不是太大。这说明介子 $f_0(975)$ 和 $\varphi(1020)$ 在中子星 PSR J0348 +0432 内部不会起很大作用。换句话说,超子之间的相互作用是很弱的。

6.4 介子 $f_0(975)$ 和 $\varphi(1020)$ 对中子星 PSR J0348 +0432 引力红移的影响(2)

6.4.1 引言

中子星物质可以利用相对论平均场理论进行研究[22]。起初人们仅考虑了核子之间的相互作用,它可以由介子 σ、ω 和 ρ 来描述,称为 $\sigma\omega\rho$ 模型。后来,为了描述超子之间的相互作用引入了 $f_0(975)$ 和 $\varphi(1020)$ 介子[43],这称为 $\sigma\omega\rho f\varphi$ 模型。

2013 年,Antoniadis 等人观测发现了大质量中子星 PSR J0348 +0432,其质量 M 为 $(2.01 \pm 0.04) \, M_\odot$[20]。这是迄今发现的最大重量的中子星。由于其质量很大,内部的密度一定很高。这样,当中子星内部核子的化学势超过超子的质量时,超子就会产生。所以,对于这样的大质量中子星来说,利用 $\sigma\omega\rho f\varphi$ 模型来描述似乎更为合理。

中子星的表面引力红移是和其质量与半径联系在一起的[19],它起到了一个桥梁的作用:在中子星引力红移、质量和半径三个物理量中,知道了其中的任意两个就可以求出第三个来。因此,对于中子星表面引力红移的研究就显得尤为重要。

上一节,我们利用相对论平均场理论研究了中子星 PSR J1614-2230 的表面引力红移。超子耦合参数的选取是这样的:ρ 介子与超子的耦合参数由 SU(6) 对称性得到;取参数 $x_{\sigma\Lambda}$,$x_{\sigma\Sigma}$ 都等于 0.4,…,1,而 $x_{\omega\Lambda}$,$x_{\omega\Sigma}$ 由拟合超子在饱和核物质中的势阱深度得到;取参数 $x_{\omega\Xi}=0.4,…,1$,而使得 $x_{\sigma\Xi}$ 由拟合超子势阱深度得到。这样就可以找到适当的超子耦合参数来描述中子星 PSR J1614-2230 质量,从而进一步描述它的表面引力红移。

当然,上述得到的模型是不唯一的,我们完全可以采用另一种方法来得到其他模型来描述该中子星。例如取参数 $x_{\sigma\Xi}$ 为 0.4,…,1,而使得 $x_{\omega\Xi}$ 由拟合超子势阱深度得到。本节就采用参数的这种取法,利用相对论平均场理论来计算研究介子 $f_0(975)$ 和 $\varphi(1020)$ 对大质量中子星 PSR J1614-2230 表面引力红移的影响[45]。

6.4.2 计算理论和计算参数

含有介子 $f_0(975)$ 和 $\varphi(1020)$ 的中子星物质的相对论平均场理论见第 4.2.2 节。本工作选取核子耦合参数 GL85 参数组(见第 2.2.2 节)。

根据夸克结构的 SU(6) 的对称性,我们取 ρ 介子与超子 Λ、Σ 和 Ξ 的耦合参数分别为 $x_{\rho\Lambda}=0$,$x_{\rho\Sigma}=2$ 和 $x_{\rho\Xi}=1$[24]。

我们首先取参数 $x_{\sigma h}$ 为 0.4,0.5,0.6,0.7,0.8,0.9,1.0,而参数 $x_{\omega h}$ 通过拟合超子 Λ、Σ 和 Ξ 在饱和核物质中的势阱深度来得到[见式 (2-11)],其中 h 表示超子 Λ、Σ 和 Ξ。本工作选取的超子势阱深度分别为 $U_\Lambda^{(N)}=-30$ MeV[26],$U_\Sigma^{(N)}=40$ MeV[27-30] 和 $U_\Xi^{(N)}=-28$ MeV[31]。如此获得的超子耦合参数见表 2-3。对于不满足拟合条件的那些参数值,没有列在表中。

介子 $\varphi(1020)$ 与超子的耦合参数取 $g_{\varphi\Xi}=2g_{\varphi\Lambda}=-2\sqrt{2}g_\omega/3$,介子 $f_0(975)$ 与超子的耦合参数取 $g_{f\Lambda}/g_\sigma=g_{f\Sigma}/g_\sigma=0.69$,$g_{f\Xi}/g_\sigma=1.25$[43]。

按照第 4.2.3 节中的方法,我们可以得到中子星的三种模型:

6 大质量中子星 PSR J0348+0432 的引力红移研究

(1) case 1 ($x_{\sigma\Lambda}=0.8$, $x_{\omega\Lambda}=0.9319$; $x_{\sigma\Sigma}=0.4$, $x_{\omega\Sigma}=0.825$; $x_{\sigma\Xi}=0.6946$, $x_{\omega\Xi}=0.7964$),计算的中子星最大质量 $M_{max}=2.01\ M_\odot$,不考虑介子 $f_0(975)$ 和 $\varphi(1020)$。

(2) case 2 ($x_{\sigma\Lambda}=0.8$, $x_{\omega\Lambda}=0.9319$; $x_{\sigma\Sigma}=0.4$, $x_{\omega\Sigma}=0.825$; $x_{\sigma\Xi}=0.7447$, $x_{\omega\Xi}=0.8671$),计算的中子星最大质量 $M_{max}=2.01\ M_\odot$,考虑介子 $f_0(975)$ 和 $\varphi(1020)$。

(3) case 3 ($x_{\sigma\Lambda}=0.8$, $x_{\omega\Lambda}=0.9319$, $x_{\sigma\Sigma}=0.4$, $x_{\omega\Sigma}=0.825$, $x_{\sigma\Xi}=0.6946$, $x_{\omega\Xi}=0.7964$,与 case 1 同),计算的中子星最大质量 $M_{max}=1.976\ M_\odot$,考虑介子 $f_0(975)$ 和 $\varphi(1020)$。

6.4.3 中子星 PSR J0348+0432 的半径

中子星半径和中心能量密度的关系示于图 6-16,case 1 没有考虑介子 $f_0(975)$ 和 $\varphi(1020)$ 的作用,而 case 2 考虑了这两种介子的作用。我们看到,不考虑这两种介子时(case 1),大质量中子星 PSR J0348+0432 的半径为 $R=12.072$ km;考虑介子 $f_0(975)$ 和 $\varphi(1020)$ 时(case 2),半径增加到 12.08 km,即考虑到介子 $f_0(975)$ 和 $\varphi(1020)$ 的贡献,半径将增大 0.07%。这种情形也可见于表 6-5。

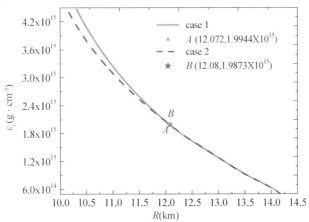

图 6-16 中子星半径和中心能量密度的关系

注:case 1 没有考虑介子 $f_0(975)$ 和 $\varphi(1020)$ 的作用,而 case 2 考虑了这两种介子的作用。

表6-5 本工作计算的中子星最大质量 M_{max}、半径 R、中心能量密度 ε_c、中心压强 p_c 和表面引力红移 z

case	M_{max} ($M_\odot$)	R (km)	ε_c (fm^{-4})	p_c (fm^{-4})	z
1	2.01	12.072	5.6695	1.585	0.4026
2	2.01	12.08	5.6492	1.58	0.4022
3	1.976	12.239	5.4355	1.385	0.3824

注:case 1 没有考虑介子 $f_0(975)$ 和 $\varphi(1020)$ 的贡献,而 case 2 和 case 3 考虑了其贡献。

中子星压强和能量密度的关系示于图6-17,case 1 没有考虑介子 $f_0(975)$ 和 $\varphi(1020)$,而 case 2 考虑了这两种介子。A 点表示没有考虑介子 $f_0(975)$ 和 $\varphi(1020)$ 时中子星 PSR J0348+0432 的中心压强,B 点表示考虑介子 $f_0(975)$ 和 $\varphi(1020)$ 时中子星 PSR J0348+0432 的中心压强。我们看到,和没有考虑介子 $f_0(975)$ 和 $\varphi(1020)$ 时相比,中心能量密度 ε_c 由 5.6695 fm^{-4} 减小到 5.6492 fm^{-4},而中心压强则由 1.585 fm^{-4} 减小到 1.58 fm^{-4}。这就是说,和没有考虑介子 $f_0(975)$ 和 $\varphi(1020)$ 时相比,中心能量密度 ε_c 减小了 0.36%,而中心压强减小了 0.32%。

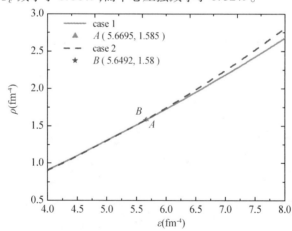

图6-17 中子星压强和能量密度的关系

注:case 1 没有考虑介子 $f_0(975)$ 和 $\varphi(1020)$,而 case 2 考虑了这两种介子。

6.4.4 中子星 PSR J0348+0432 的引力红移

中子星的表面引力红移由式(6-1)计算。

6 大质量中子星 PSR J0348+0432 的引力红移研究

图 6-18 给出了中子星表面引力红移与中心能量密度的关系。其中,case 1 没有考虑介子 $f_0(975)$ 和 $\varphi(1020)$ 的作用,而 case 2 考虑了其贡献。我们看到,当中心能量密度增大时,中子星表面引力红移增大。由式(6-1)可知,中子星表面引力红移正相关于质量与半径的比值 M/R。对于不考虑介子 $f_0(975)$ 和 $\varphi(1020)$ 的情形,质量与半径的比值 M/R 等于 0.167,而对于考虑介子 $f_0(975)$ 和 $\varphi(1020)$ 的情形,此比值为 M/R 等于 0.157。前者比后者大。因此,不考虑介子 $f_0(975)$ 和 $\varphi(1020)$ 时,大质量中子星 PSR J0348+0432 的表面引力红移将大于考虑这两种介子时的表面引力红移。

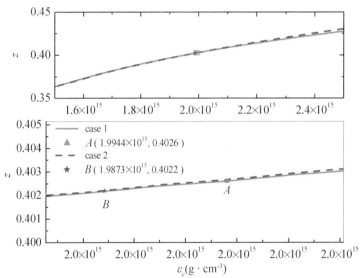

图 6-18 中子星表面引力红移与中心能量密度的关系

注:case 1 没有考虑介子 $f_0(975)$ 和 $\varphi(1020)$ 的作用,case 2 考虑了其贡献。

由图 6-18 和表 6-5 我们还可以看到,和不考虑介子 $f_0(975)$ 和 $\varphi(1020)$ 时相比,中子星表面引力红移 z 由 0.4026 减小到 0.4022,即减小了 0.1%。Liang 得到的引力红移的取值范围是 0.25~0.35[21]。我们得到的结果比它要大些。

6.4.5 小结

本节中,我们利用相对论平均场理论计算研究了介子 $f_0(975)$ 和

$\varphi(1020)$对大质量中子星PSR J0348+0432表面引力红移的影响。我们发现,与不考虑介子$f_0(975)$和$\varphi(1020)$时相比,中子星PSR J0348+0432的半径R由12.072 km增大到12.08 km(即增大了0.07%),中子星表面引力红移z由0.4026减小到0.4022(即减小了0.1%)。

我们的研究结果表明,介子$f_0(975)$和$\varphi(1020)$对大质量中子星PSR J0348+0432表面引力红移的影响是很小的,只有0.1%。

参考文献

[1] DEMOREST P B,PENNUCCI T,RANSOM S M,et al. A two-solar-mass neutron star measured using Shapiro delay[J]. Nature,2010,467(7319):1081-1083.

[2] ÖZEL F,BAYM G,GüVER T. Astrophysical measurement of the equation of state of neutron star matter[J]. Physical Review D,2010,82(10):101301.

[3] Steiner A W,Lattimer J M,Brown E F. The equation of state from observed masses and radii of neutron stars[J]. The Astrophysical Journal,2010,722(1):33-54.

[4] ÖZEL F, PSALTIS D, RANSOM S, et al. The massive pulsar PAR J0348+0432: Linking quantum chromodynamics,gamma-ray bursts,and gravitational wave astronomy[J]. The Astrophysical Journal Supplement,2010(724):L199-L202.

[5] ZHAO X F,JIA H Y. Mass of the neutron star PSR J1614-2230[J]. Physical Review C,2012,85:065806.

[6] BEDNAREK I,HAENSEL P,ZDUNIK J L,et al. Hyperons in neutron-star cores and a 2 M_{sun} pulsar[J]. Astronomy & Astrophysics,2012(543):A157.

[7] BEDNAREK W,SOBCZAK T. Gamma-rays from millisecond pulsar population within the central stellar cluster in the Galactic Centre[J]. Monthly Notices of the Royal Astronomical Society:Letters,2013,435(1):L14-L18.

[8] Bejger M. Parameters of rotating neutron stars with and without hyperons[J]. Astronomy & Astrophysics,2013(552):A59.

[9] JIANG W Z,LI B A,CHEN L W. Large-mass neutron stars with hyperonization[J]. The Astrophysical Journal,2012,756(1):56.

[10] MIYATSU T,CHEOUN M. SAITO K. Equation of state for neutron stars in SU(3) flavor symmetry[J]. Physical Review C,2013,88(1):015802.

[11] WEISSENBORN S, CHATTERJEE D, SCHAFFNER-BIELICH J. Hyperons and massive neutron stars:the role of hyperon potentials [J]. Nuclear Physics A,2012

(881):62-77.
[12] WEISSENBORN S, CHATTERJEE D, SCHAFFNER-BIELICH J. Hyperons and massive neutron star: vector repulsion and SU(3) symmetry[J]. Physical Review C,2012,85(6):065802.
[13] KL? HN T,? ASTOWIECHI R,BLASCHKE D. Implications of the measurement of pulsars with two solar masses for quark matter in compact stars and heavy-ion collisions: A Nambu-Jona-Lasinio model case study [J]. Physical Review D,2013,88(8):085001.
[14] ŁASTOWIECHI R, BLASCHKE D, BERDERMANN J. Neutron star matter in a modified PNJL model[J]. Physics of Atomic Nuclei,2012,75(7):893-895.
[15] MASUDA K,HATSUDA T,TAKATSUKA T. Hadron-quark crossover and massive hybrid stars with strangeness[J]. The Astrophysical Journal,2013,764(1):12.
[16] MASSOT é,MARGUERON J,CHANFRAY G. On the maximum mass of hyperonic neutron star[J]. Europhysics Letters,2012,97(3):39002.
[17] WHITTENBURY D. Neutron star properties with hyperons [C/OL]// Proceedings of the XII International Symposium on Nuclei in the Cosmos (NIC XII), Cairns, Australia, August 5-12, 2012. http://pos. sissa. it/cgi-bin/reader/conf. cgi? confid = 146.
[18] KATAYAMA T,MIYASU T,SAITO K. EoS for massive neutron star[J]. The Astrophysical Journal Supplement,2012,203(2):22.
[19] GLENDENNING N K. Compact Stars: Nuclear Physics,Particle Physics,and General Relativity[M]. New York: Springer-Verlag,1997.
[20] ANTONIADIS J,FREIRE P C C, WEX N, et al. A Massive Pulsar in a Compact Relativistic Binary[J]. Science,2013,340(6131):448.
[21] Liang E P. Gamma-ray burst annihilation lines and neutron star structure[J]. The Astrophysical Journal,1986(304):682-687.
[22] GLENDENNING N K. Neutron stars are giant hypernuclei? [J]. The Astrophysical Journal,1985(293):470-493.
[23] GLENDENNING N K, MOSZKOWSKI S A. Reconciliation of neutron-star masses and binding of the Lambda in hypernuclei[J]. Physical Review Letters,1991(67):2414-2417.
[24] SCHAFFNER J,MISHUSTIN I N. Hyperon-rich matter in neutron stars[J]. Physical Review C,1996(53):1416-1429.

[25] ZHAO X F. The properties of the neutron star PSR J0348 +0432[J]. International Journal of Modern Physics D,2015(24):1550058.

[26] BATTY C J,FRIEDMAN E,GAL A. Strong interaction physics from hadronic atoms [J]. Physics Reports,1997(287):385 -445.

[27] KOHNO M, FUJIWARA Y, WATANABE Y, et al. Semiclassical distorted-wave model analysis of the (π^-,K^+)Σ formation inclusive spectrum[J]. Physical Review C,2006(74):064613.

[28] HARADA T,HIRABAYASHI Y. Is the Σ nucleus potential for Σ atoms consistent with the Si^{28}(π,K) data? [J]. Nuclear Physics A,2005,759(1 -2):143 -169.

[29] HARADA T,HIRABAYASHIU Y. Σ production spectrum in the inclusive (π,K) reaction on ^{209}Bi and the Σ-nucleus potential[J]. Nuclear Physics A,2006(767): 206 -217.

[30] FRIEDMAN E,GAL A. In-medium nuclear interactions of low-energy hadrons[J]. Physics Reports,2007(452):89 -153.

[31] SCHAFFNER-BIELICH J,Gal A. Properties of strange hadronic matter in bulk and in finite systems[J]. Physical Review C,2000(62):034311.

[32] ZHAO X F. Constraining the gravitational redshift of a neutron star from the Σ-meson well depth[J]. Astrophysics and space science,2011(332):139 -144.

[33] COLUCCI G,SEDRAKIAN A. Equation of state of hypernuclear matter: Impact of hyperon-scalar-meson couplings[J]. Physical Review C,2013,87(5):055806.

[34] VAN DALEN E N E,COLUCCI G,SEDRAKIAN A. Constraining hypernuclear density functional with Λ-hypernuclei and compact stars[J]. Physics Letters B,2014 (734):383 -387.

[35] OERTEL M, PROVIDêNCIA C, GULMINELLI F, et al. Hyperons in neutron star matter within relativistic mean -field models[J]. Journal of Physics G: Nuclear and Particle Physics,2015,42(7):075202.

[36] RADUTA AD R, AYMARD F, GULMINELLI F. Clusterized nuclear matter in the (proto-)neutron star crust and the symmetry energy [J]. The European Physical Journal A,2014(50):24.

[37] ZHAO X F,JIA H Y. The surface gravitational redshift of the massive neutron star PSR J0348 +0432[J]. Revista Mexicana de Astronomia y Astrofisica,2014(50): 103 -108.

[38] ASTASHENOK A V, CAPOZZIELLO S, ODINTSOV S D. Maximal neutron star

mass and the resolution of the hyperon puzzle in modified gravity[J]. Physical Review D,2014,89(10):103509.

[39] MALLICK R. Maximum mass of a hybrid star having a mixed phase region in the light of pulsar PSR J1614 -2230[J]. Physical Review C,2013,87(2):025804.

[40] KAPUSTA J I,OLIVE K A. Effects of strange particles on neutron-star cores[J]. Physical Review Letters,1990(64):13 -15.

[41] ELLIS J,KAPUSTA J I,OLIVE K A. Strangeness,glue and quark matter content of neutrons stars[J]. Nuclear Physics B,1991(348):345 -372.

[42] CHAMEL N,FANTINA A F,PEARSON J M,et al. Phase transitions in dense matter and the maximum mass of neutron stars[J]. Astronomy & Astrophysics,2013(553):A22.

[43] LATTIMER J M. Neutron star equation of state[J]. New Astronomy Reviews,2010, 54(3 -6):101 -109.

[44] SCHAFFNER J,DOVER C B,GAL A,et al. Multiply strange nuclear systems[J]. Annal Physics,1994(235):35 -76.

[45] ZHAO X F. Examination of the influence of the $f_0(975)$ and $\varphi(1020)$ mesons on the surface gravitational redshift of the neutron star PSR J0348 +0432[J]. Physical Review C,2015(92):055802.

[46] ZHAO X F. Constraints the properties of the massive neutron star PSR J0348 +0432 from the mesons $f_0(975)$ and $\varphi(1020)$ [J]. The European Physical Journal A, 2014(50):80.

7
纯核子大质量中子星性质研究

7.1 引言

2010 年,Demorest 等人观测到大质量中子星 PSR J1614-2230,其质量为 1.97 $M_\odot$[1]。理论上对它如何进行描述是一件令人非常感兴趣的课题。

Glendenning 于 1985 年首次将相对论平均场理论应用于中子星物质的研究中,并取得了很好的结果[2]。

一般说来,考虑到超子自由度得到的中子星最大质量将比仅考虑核子时计算的中子星最大质量要小些。考虑到重子八重态,Glendenning 得到的中子星最大质量的范围在 1.5~1.8 $M_\odot$ 之间[3]。Schulze 等人利用 Brueckner-Hartree-Fock 方法并采用最近得到的 Nijmegen ESC08 超子—核子势计算了超核物质,他们得到的中子星最大质量非常小,小于 1.4 $M_\odot$[4]。利用同样的方法并考虑了三体力对中子星最大质量的影响,Vidana 等人得到的结果是超子星的最大质量在 1.4~1.5 $M_\odot$[5]。

另一方面,2011 年,在中子星内仅考虑核子自由度 Hotokezaka 等人利用不同的物态方程计算的中子星的最大质量分别为 2.213 $M_\odot$ 和 2.049 $M_\odot$[6]。在 Glendenning 的早期工作中,在中子星内仅考虑核子时他计算的中子星最大质量为 2.36 $M_\odot$[3]。

综上所述可知,如果在中子星内部仅考虑核子自由度,选取合适的核子耦合参数我们或许可以得到 1.97 $M_\odot$ 的中子星质量。

本章中,假设中子星内部仅包括中子、质子和电子,我们通过改变

7 纯核子大质量中子星性质研究

核子耦合参数应用相对论平均场理论计算描述大质量中子星 PSR J1614-2230 的质量[7],进而计算研究该中子星的性质。

7.2 相对论平均场理论和计算参数

仅含核子的中子星物质的 Lagrangian 密度写为[8]

$$L = \sum_N \overline{\Psi}_N (i\gamma_\mu \partial^\mu - m_N + g_{\sigma N}\sigma - g_{\omega N}\gamma_\mu \omega^\mu - \frac{1}{2}g_{\rho N}\gamma_\mu \tau \cdot \rho^\mu)\Psi_N$$

$$+ \frac{1}{2}(\partial_\mu \sigma \partial^\mu \sigma - m_\sigma^2 \sigma^2) - \frac{1}{4}\omega_{\mu\nu}\omega^{\mu\nu} + \frac{1}{2}m_\omega^2 \omega_\mu \omega^\mu$$

$$- \frac{1}{4}\rho_{\mu\nu} \cdot \rho^{\mu\nu} + \frac{1}{2}m_\rho^2 \rho_\mu \cdot \rho^\mu - \frac{1}{3}g_2 \sigma^3$$

$$- \frac{1}{4}g_3\sigma^4 + \overline{\Psi}_e(i\gamma_\mu \partial^\mu - m_e)\Psi_e \quad (7-1)$$

其中,N 表示核子。然后,我们利用相对论平均场近似解场方程。中子星物质的能量密度和压强为

$$\varepsilon = \frac{1}{3}g_2\sigma^3 + \frac{1}{4}g_3\sigma^4 + \frac{1}{2}m_\sigma^2\sigma^2 + \frac{1}{2}m_\omega^2\omega_0^2 + \frac{1}{2}m_\rho^2\rho_{03}^2 +$$

$$\sum_N \frac{2J_N+1}{2\pi^2}\int_0^{k_N}\sqrt{k^2+m^{*2}}k^2 dk +$$

$$\frac{1}{3\pi^2}\int_0^{k_e}\sqrt{k^2+m_e^{*2}}k^2 dk \quad (7-2)$$

$$p = -\frac{1}{3}g_2\sigma^3 - \frac{1}{4}g_3\sigma^4 - \frac{1}{2}m_\sigma^2\sigma^2 + \frac{1}{2}m_\omega^2\omega_0^2 + \frac{1}{2}m_\rho^2\rho_{03}^2 +$$

$$\frac{1}{3}\sum_N \frac{2J_N+1}{2\pi^2}\int_0^{k_N}\frac{k^4}{\sqrt{k^2+m^{*2}}}dk +$$

$$\frac{1}{3\pi^2}\int_0^{k_e}\frac{k^4}{\sqrt{k^2+m_e^{*2}}}dk \quad (7-3)$$

本工作中,我们选取如下 9 种核子耦合参数:CZ11[9],DD-MEI[10],GL85[2],GL97[8],NL1[11],NL2[11],NLSH[12],TM1[13] 和 TM2[13]。饱和核物质的性质见表 7-1,核子耦合参数见表 7-2。

表7-1 饱和核物质的性质

参数	m (MeV)	m_σ (MeV)	m_ω (MeV)	m_ρ (MeV)	ρ_0 (fm^{-3})	B/A (MeV)	K (MeV)	a_{sym} (MeV)	m^*/m
CZ11	939	500	782	770	0.16	16.3	211	31.6	0.77
DD-MEI	938	550	783	763	0.152	16.23	244	33.06	0.578
GL85	939	500	782	770	0.145	15.95	285	36.8	0.77
GL97	939	500	782	770	0.153	16.3	240	32.5	0.78
NL1	938	492.25	795.36	763	0.132	16.2	344	35.8	0.571
NL2	938	504.89	780	763	0.132	16.2	344	35.8	0.571
NLSH	939	526.06	783	763	0.146	16.346	355.36	36.1	0.6
TM1	938	511.2	783	770	0.145	16.3	281	36.9	0.634
TM2	938	526.44	783	770	0.132	16.2	344	35.8	0.571

表7-2 核子耦合参数

参数	g_σ	g_ω	g_ρ	g_2	g_3
CZ11	8.0899	8.7325	8.0055	26.4563	-42.9951
DD-MEI	10.4434	12.8939	3.8053	0.0000	0.0000
GL85	7.9955	9.1698	9.7163	10.0698	29.2620
GL97	7.9835	8.7000	8.54110	20.9660	-9.385
NL1	10.1380	13.2850	4.9760	12.1720	-36.2650
NL2	9.1110	11.4930	5.5070	-2.3040	13.7840
NLSH	10.4440	12.9450	4.3830	-6.9090	-15.8300
TM1	10.0290	12.6140	4.6322	-7.2320	0.6183
TM2	11.4690	14.6380	4.6783	-4.4440	4.6070

对于中子星外层部分 4.73×10^{15} fm^{-3} $< \rho <$ 8.907×10^3 fm^{-3}，我们利用 BPS 的物态方程进行计算；对于中子星区域 $\rho > 8.907 \times 10^3$ fm^{-3}，我们利用相应于表7-1和表7-2饱和核物质性质和参数的物态方程来计算。

压强和能量密度的关系示于图7-1。由图可见，对于所有选取的9种情形，中子星物质的压强都随着能量密度的增大而增大。

7 纯核子大质量中子星性质研究

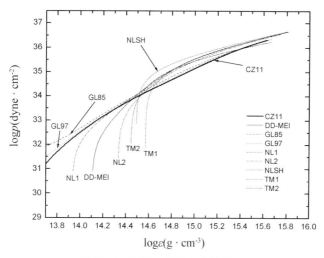

图7-1 压强和能量密度的关系

由图7-1还可以看到,核子耦合参数NLSH对应的物态方程最硬,而核子耦合参数CZ11对应的物态方程最软。饱和核物质的压缩模量K越大,对应的中子星最大质量也越大。核子耦合参数NLSH的压缩模量K为355.36 MeV,是9组参数中最大的,而核子耦合参数CZ11的压缩模量K为211 MeV,是9组耦合参数中最小的。因此,核子耦合参数NLSH对应的物态方程最硬,而核子耦合参数CZ11对应的物态方程最软。

7.3 中子星的质量

中子星的质量是一个重要的物理量,它和硬的或者软的中子星物质的物态方程相联系。我们利用TOV方程来计算中子星的质量和半径[式(1-80)和式(1-90)]。

图7-2给出了中子星质量和中心能量密度的关系。此处,中心能量密度ε_0为2.5×10^{14} g·cm^{-3}。

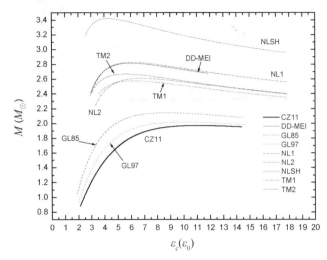

图 7-2 中子星质量和中心能量密度的关系

由图 7-2 可以看到,对于每一组核子耦合参数都存在一个中子星最大质量。中子星物质的物态方程是硬还是软将决定中子星最大质量是大还是小[8]。由图 7-1 我们知道,核子耦合参数 NLSH 对应的物态方程是最硬的,而核子耦合参数 CZ11 对应的物态方程是最软的。因此,参数 NLSH 将给出最大的中子星最大质量,而参数 CZ11 将给出最小的中子星最大质量。

对于核子耦合参数取 CZ11,DD-MEI,GL85,GL97,NL1,NL2,NLSH,TM1 和 TM2 的情形,每一种情形给出的中子星最大质量示于图 7-3 和表 7-3。在图 7-3 中,实心符号表示本工作计算的中子星最大质量,虚心符号表示考虑到重子八重态我们在以前工作中计算的中子星最大质量[9]。可以看到,考虑了中子星物质的超子中子星的最大质量减小了很多。本工作中,对于核子耦合参数 DD-MEI,GL85,GL97,NL1,NL2,NLSH,TM1 和 TM2 的情形,计算的中子星最大质量都大于 $2.0\ M_\odot$,尤其是核子耦合参数 NLSH,计算的中子星最大质量达到 $3.4189\ M_\odot$。但是,对于核子耦合参数 CZ11,计算的中子星最大质量为 $1.9702\ M_\odot$,它正好与大质量中子星 PSR J1614-2230 的质量相同。如果我们假设中子星内部仅含有中子、质子和电子,那么,核子耦合参数 CZ11 或许为大质量中子星 PSR J1614-2230 提供了一个可能的模型。

7 纯核子大质量中子星性质研究

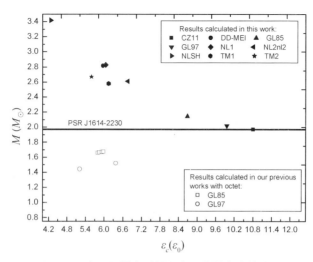

图7-3 中子星最大质量和中心能量密度的关系

表7-3 中子星最大质量、相应的半径和表面引力红移

	ε_c (ε_0)	p_c	M_{max} ($M_\odot$)	R (km)	z
CZ11	10.8000	10.7180	1.9702	10.3220	0.5118
DD-MEI	5.9652	6.6963	2.8152	13.2720	0.6361
GL85	8.6876	7.3920	2.1432	11.6160	0.4823
GL97	9.9572	8.7072	2.0177	10.8770	0.4871
NL1	6.0520	7.0978	2.8278	13.2530	0.6443
NL2	6.7612	7.2559	2.6117	12.4480	0.6214
NLSH	4.2644	5.2324	3.4189	15.2230	0.7233
TM1	6.1436	5.1060	2.5777	12.6760	0.5822
TM2	5.5920	4.4895	2.6695	13.4300	0.5561

注:中子星中心压强的单位是 $\times 10^{35}$ dyne·cm^{-2}。

7.4 介子 σ、ω 和 ρ 的势场强度及中子和电子的化学势

介子 σ、ω 和 ρ 的势场强度的大小将影响中子星物质能量密度和压强的大小进而影响中子星的质量和半径。因此,介子的势场强度是

需要首先研究的物理量。

由 7.2 节可见，核子耦合参数 CZ11 可以描述中子星 PSR J0348 + 0432。

图 7-4 给出了介子 σ 势场强度与重子数密度的关系。由图可知，中子星 PSR J0348 + 0432(CZ11)内部 σ 介子的势场强度要大于核子耦合参数 GL85 和 GL97 给出的介子 σ 的势场强度，而小于其他核子耦合参数给出的 σ 介子势场强度。标量介子 σ 提供核子间的中程吸引作用，因此，中子星 PSR J0348 + 0432(CZ11)内部核子间的吸引作用要比核子耦合参数 GL85 和 GL97 计算的中子星内部的核子间的吸引作用强，而比核子耦合参数 DD-MEI，NL1，NL2，NLSH，TM1 和 TM2 计算的中子星内部的核子间的吸引作用弱。

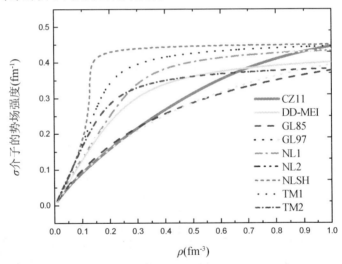

图 7-4 介子 σ 的势场强度与重子数密度的关系

图 7-5 给出了介子 ω 势场强度与重子数密度的关系。由图可知，中子星 PSR J0348 + 0432(CZ11)内部 ω 介子的势场强度与核子耦合参数 GL97 计算的中子星内的 ω 介子的势场强度几乎没有区别；但是，它要比核子耦合参数 DD-MEI，GL85，NL1，NL2 和 NLSH 计算的中子星的 ω 介子的势场强度要小；当中子星重子数密度较小时，它比核子耦合参数 TM1 和 TM2 计算的中子星 ω 介子的势场强度小，而当中子星重子数

密度较大时,它比核子耦合参数 TM1 和 TM2 计算的中子星 ω 介子的势场强度大。矢量介子 ω 提供核子间的短程排斥作用。因此,中子星 PSR J0348+0432(CZ11)内部核子间的排斥作用与核子耦合参数 GL97 计算的中子星内的核子间的排斥作用几乎相同;但是,它要比核子耦合参数 DD-MEI,GL85,NL1,NL2 和 NLSH 计算的中子星内核子间的排斥作用要小;当中子星重子数密度较小时,它比核子耦合参数 TM1 和 TM2 计算的中子星内的核子间的排斥作用小,而当中子星重子数密度较大时,它比核子耦合参数 TM1 和 TM2 计算的中子星内的核子间的排斥作用大。

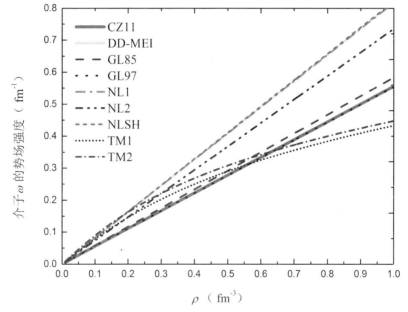

图 7-5 介子 ω 的势场强度与重子数密度的关系

介子 ρ 的势场强度与重子数密度的关系示于图 7-6。由图可知,中子星 PSR J0348+0432(CZ11)内部 ρ 介子的势场强度要比核子耦合参数 GL85 和 GL97 计算的中子星内的 ρ 介子势场强度小,但是,要比核子耦合参数 DD-MEI,TM1,TM2,NL1,NL2 和 NLSH 计算的中子星的 ρ 介子势场强度要大。

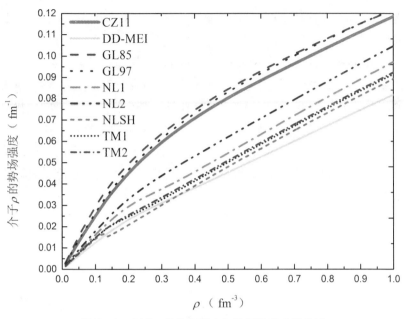

图 7-6 介子 ρ 的势场强度与重子数密度的关系

中子星中，质子的化学势可以表示为中子化学势与电子化学势的线性组合

$$\mu_p = b_p\mu_n - q_p\mu_e \tag{7-4}$$

式中，b_p 是质子的重子数，q_p 是它的电荷数。求出了中子和电子的化学势就可以把质子的化学势计算出来。

图 7-7 给出了中子化学势与重子数密度的关系。由图可知，当重子数密度较大时，中子星 PSR J0348 + 0432（CZ11）内部的中子化学势要大于由其他八种核子耦合参数计算出来的中子星内部的中子化学势。

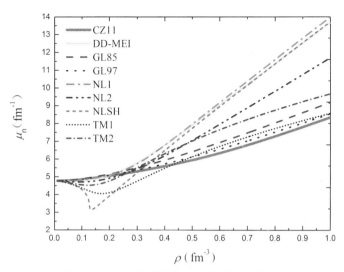

图7-7 中子化学势与重子数密度的关系

图7-8给出了电子化学势与重子数密度的关系。由图可知,当重子数密度较大时,中子星 PSR J0348+0432(CZ11)内部的中子化学势小于核子耦合参数 GL85 和 GL97 计算出来的中子星内部的电子化学势,而大于由核子耦合参数 DD-MEI, NL1, NL2, NLSH, TM1 和 TM2 计算的中子星内部的电子化学势。

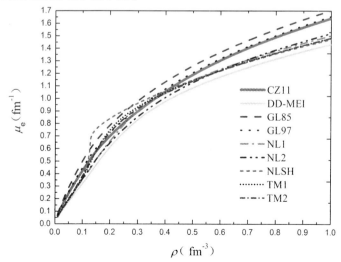

图7-8 电子化学势与重子数密度的关系

7.5 中子星内部中子、质子和电子的相对粒子数密度

不同的核子耦合参数计算的介子势场强度和中子与电子的化学势不同,这些差异必将影响中子星内部的粒子分布。

中子的相对粒子数密度与重子数密度的关系示于图 7-9。由图可知,当中子星内部的重子数密度较大时,中子星 PSR J0348+0432 (CZ11) 内部中子的相对粒子数密度大于核子耦合参数 GL85 和 GL97 计算的中子星内部的中子相对粒子数密度[这说明相比于由核子耦合参数 GL85 和 GL97 计算的中子星,中子星 PSR J0348+0432(CZ11) 内部有较少的中子转化为质子和电子];而小于核子耦合参数 DD-MEI,NL1,NL2,NLSH,TM1 和 TM2 计算的中子星内部的中子相对粒子数密度[这说明相比于由核子耦合参数 DD-MEI,NL1,NL2,NLSH,TM1 和 TM2 计算的中子星,中子星 PSR J0348+0432(CZ11) 内部有更多的中子转化为质子和电子]。

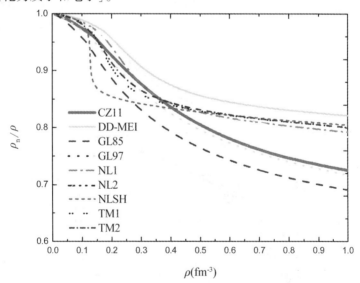

图 7-9 中子的相对粒子数密度与重子数密度的关系

质子的相对粒子数密度与重子数密度的关系示于图 7-10。由图可知,当中子星内部的重子数密度较大时,中子星 PSR J0348+0432

(CZ11)内部质子的相对粒子数密度小于核子耦合参数 GL85 和 GL97 计算的中子星内部的质子相对粒子数密度[这说明相比于由核子耦合参数 GL85 和 GL97 计算的中子星,中子星 PSR J0348 +0432(CZ11)内部的质子数量较少];而大于核子耦合参数 DD-MEI,NL1,NL2,NLSH,TM1 和 TM2 计算的中子星内部的质子相对粒子数密度[这说明相比于由核子耦合参数 DD-MEI,NL1,NL2,NLSH,TM1 和 TM2 计算的中子星,中子星 PSR J0348 +0432(CZ11)内部的质子数量较大]。

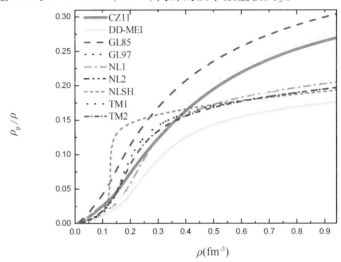

图 7 -10 质子的相对粒子数密度与重子数密度的关系

图 7 -11 给出了电子的相对粒子数密度与重子数密度的关系。由图可知,当中子星内部的重子数密度较大时,中子星 PSR J0348 +0432 (CZ11)内部电子的相对粒子数密度小于核子耦合参数 GL85 和 GL97 计算的中子星内部的电子相对粒子数密度[这说明相比于由核子耦合参数 GL85 和 GL97 计算的中子星,中子星 PSR J0348 +0432(CZ11)内部的电子数量较少];而大于核子耦合参数 DD-MEI,NL1,NL2,NLSH,TM1 和 TM2 计算的中子星内部的电子相对粒子数密度[这说明相比于由核子耦合参数 DD-MEI,NL1,NL2,NLSH,TM1 和 TM2 计算的中子星,中子星 PSR J0348 +0432(CZ11)内部的电子数量较大]。

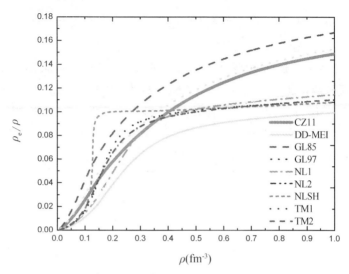

图 7 – 11　电子的相对粒子数密度与重子数密度的关系

7.6　中心能量密度和中心压强

中子星内部的中心重子数密度、中心能量密度和中心压强分别是中子星内部重子数密度、能量密度和压强的最大值。在中子星内部只有小于上述最大值的重子数密度、能量密度和压强才能描述中子星物质的性质;而大于其相应最大值的那些量就不表示中子星内部的真实情况了,因而就只具有理论意义。

中心能量密度与中心重子数密度的关系示于图 7 – 12。由图可知,中子星的中心能量密度随着中心重子数密度的增加而增大。中子星 PSR J0348 + 0432(CZ11)内部的中心能量密度略大于由核子耦合参数 TM1 计算的中子星内部的中心能量密度,而小于由核子耦合参数 DD-MEI,GL85,GL97,NL1,NL2,NLSH 和 TM2 计算的中子星内部的中心能量密度。

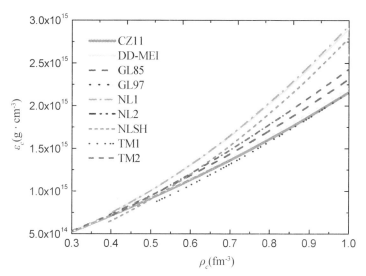

图7-12 中心能量密度与中心重子数密度的关系

中心压强与中心重子数密度的关系示于图7-13。由图可知,中子星的中心压强也随着中心重子数密度的增加而增大。中子星 PSR J0348+0432(CZ11)内部的中心压强小于由核子耦合参数 DD-MEI、GL85、GL97、NL1、NL2、NLSH、TM1 和 TM2 计算的中子星内部的中心压强。

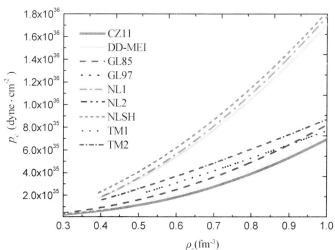

图7-13 中心压强与中心重子数密度的关系

在利用 TOV 方程计算中子星的质量和半径时,我们需要知道中子星物质的能量密度和压强。具体的做法是先给压强一个初始值,再利用迭代方法逐次计算下去以致得到中子星的质量和半径。

由图 7-13 可见,中子星 PSR J0348+0432(CZ11)内部的中心压强小于由核子耦合参数 DD-MEI,GL85,GL97,NL1,NL2,NLSH,TM1 和 TM2 计算的中子星内部的中心压强。因此,计算时给出的压强初始值也应该是有这个趋势的。

图 7-14 给出了中心压强初始值与中心重子数密度的关系。可见,利用核子耦合参数 CZ11 计算中子星时给出的压强初始值要小于由核子耦合参数 DD-MEI,GL85,GL97,NL1,NL2,NLSH,TM1 和 TM2 计算中子星时给出的初始值。

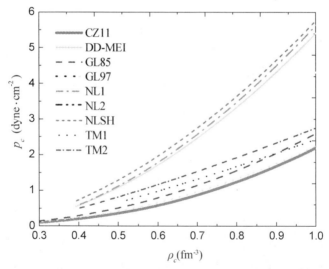

图 7-14 中心压强初始值与中心重子数密度的关系

7.7 中子星的表面引力红移

中子星半径与中心重子数密度的关系示于图 7-15。由图可知,中子星的半径随着中心重子数密度的增加而增大。这即是说,中子星中心重子数密度越大,则中子星中心能量密度也越大,中子星的最大质量也越大,而半径也越小。

7 纯核子大质量中子星性质研究

由图 7-15 还可以看到,在本工作所用的 9 组核子耦合参数中,参数 CZ11 计算的中子星半径是最小的,为 10.322 km。

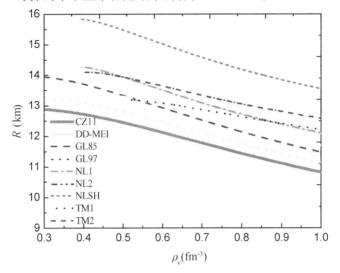

图 7-15 中子星半径与中心重子数密度的关系

中子星的表面引力红移与中子星质量和半径的比值 M/R 紧密相关。因此,为了研究中子星 PSR J1614-2230 的表面引力红移,我们先研究中子星质量半径比。

中子星质量半径比与中心重子数密度的关系示于图 7-16。由图可知,中子星质量和半径的比值 M/R 随着中心重子数密度的增加而增大。由图还可见,中子星 PSR J1614-2230(CZ11)的质量半径比 M/R 比要小于由核子耦合参数 DD-MEI,GL85,GL97,NL1,NL2,NLSH,TM1 和 TM2 计算的中子星质量半径比 M/R。

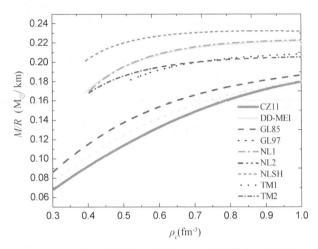

图 7-16　中子星质量半径比与中心重子数密度的关系

中子星表面引力红移与中心重子数密度的关系示于图 7-17。由图可知,中子星的表面引力红移开始时是随着中心重子数密度的增加而增大的;达到一个最大值后,它随着中心重子数密度的增大而趋于平缓。由图还可知,中子星 PSR J1614-2230(CZ11)的表面引力红移要小于由核子耦合参数 DD-MEI,GL85,GL97,NL1,NL2,NLSH,TM1 和 TM2 计算的中子星表面引力红移。中子星 PSR J1614-2230(CZ11)的表面引力红移的计数值为 $z = 0.5118$。

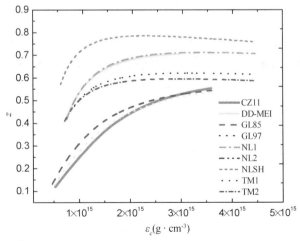

图 7-17　中子星表面引力红移与中心重子数密度的关系

7.8 饱和核物质的性质对大质量中子星的影响

由上述计算可见,不同核子耦合参数计算的中子星物质的性质是不同的。

下面研究饱和核物质的性质对中子星物质性质的影响。

7.8.1 饱和核密度 ρ_0 对中子星性质的影响

中子星质量与饱和核密度的关系示于图 7-18。由图可知,中子星质量与饱和核密度没有必然的依存关系。

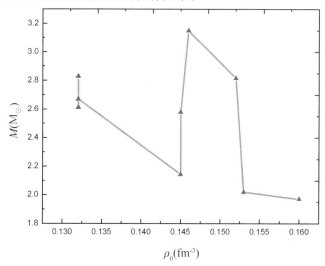

图 7-18 中子星质量与饱和核密度的关系

中子星半径与饱和核密度的关系示于图 7-19。由图可知,中子星半径与饱和核密度也没有必然的依存关系。

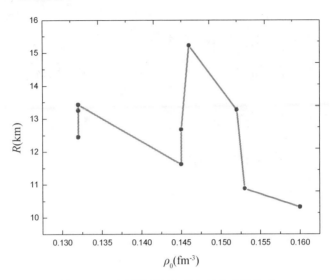

图 7-19　中子星半径与饱和核密度的关系

图 7-20 给出了中子星表面引力红移与饱和核密度的关系。由图可知,中子星表面引力红移与饱和核密度之间没有必然的依存关系。

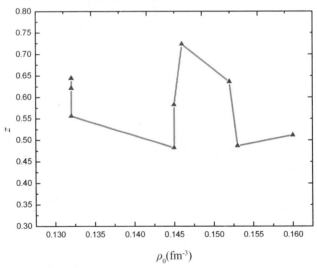

图 7-20　中子星表面引力红移与饱和核密度的关系

综上可知,饱和核密度 ρ_0 与中子星的质量、半径和表面引力红移之间没有必然的依赖关系。

7.8.2 单粒子束缚能 B/A 对中子星性质的影响

中子星质量与单粒子束缚能 B/A 的关系示于图 7-21。由图可知，中子星质量与单粒子束缚能 B/A 之间没有必然的依存关系。

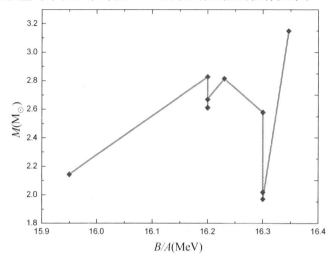

图 7-21 中子星质量与单粒子束缚能 B/A 的关系

中子星半径与单粒子束缚能 B/A 的关系示于图 7-22。由图可知，中子星半径与单粒子束缚能 B/A 之间没有必然的依存关系。

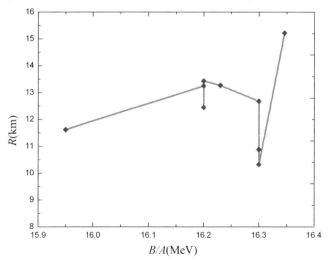

图 7-22 中子星半径与单粒子束缚能 B/A 的关系

图 7-23 给出了中子星表面引力红移与单粒子束缚能 B/A 的关系。由图可知,中子星表面引力红移与单粒子束缚能 B/A 之间没有必然的依存关系。

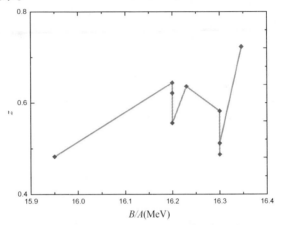

图 7-23 中子星表面引力红移与单粒子束缚能 B/A 的关系

总之,单粒子束缚能 B/A 与中子星的质量、半径和表面引力红移之间没有必然的依赖关系。

7.8.3 压缩模量 K 对中子星性质的影响

中子星质量与压缩模量 K 的关系示于图 7-24。由图可知,随着压缩模量的增大,中子星的最大质量总体上是增大的,即中子星物质的压缩模量越大,则中子星的最大质量越大。

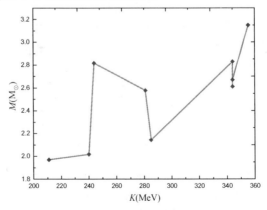

图 7-24 中子星质量与压缩模量的关系

7 纯核子大质量中子星性质研究

中子星半径与压缩模量 K 的关系示于图 7-25。由图可知,随着压缩模量的增大,中子星最大质量对应的中子星半径总体上也是增大的,即中子星物质的压缩模量越大,则中子星的最大质量对应的半径也越大。

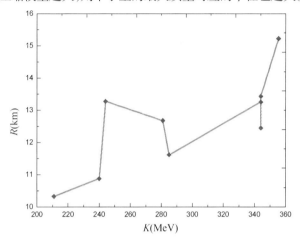

图 7-25 中子星半径与压缩模量的关系

中子星表面引力红移与压缩模量 K 的关系示于图 7-26。由图可知,随着压缩模量的增大,中子星表面引力红移总体上也是增大的,即中子星物质的压缩模量越大,则中子星的最大质量对应的半径也越大。这中间虽有例外(这主要受到其他因素的影响),但总体趋势还是增大的。

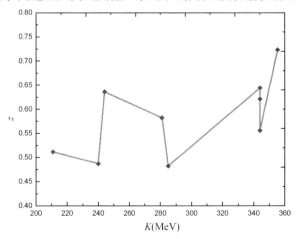

图 7-26 中子星表面引力红移与压缩模量的关系

综上所述,中子星的质量、半径和表面引力红移总体上随着饱和核物质的压缩模量的增大而增大。

7.8.4 对称能系数 a_{sym} 对中子星性质的影响

中子星质量与对称能系数 a_{sym} 的关系示于图 7-27。由图可知,随着对称能系数 a_{sym} 的增大,中子星的最大质量总体上增大,即中子星物质的对称能系数 a_{sym} 越大,则中子星最大质量越大。

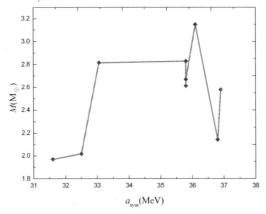

图 7-27 中子星质量与对称能系数 a_{sym} 的关系

中子星半径与对称能系数 a_{sym} 的关系示于图 7-28。由图可知,随着对称能系数 a_{sym} 的增大,中子星的半径总体上也是增大的,即中子星物质的对称能系数 a_{sym} 越大,则中子星半径也越大。

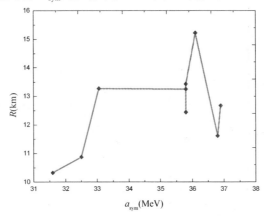

图 7-28 中子星半径与对称能系数 a_{sym} 的关系

7 纯核子大质量中子星性质研究

中子星表面引力红移与对称能系数 a_{sym} 的关系示于图 7-29。由图可知,随着对称能系数 a_{sym} 的增大,中子星的表面引力红移总体上也是增大的,即中子星物质的对称能系数 a_{sym} 越大,则中子星表面引力红移也越大。

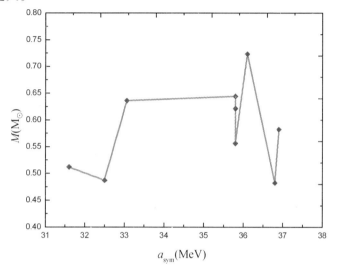

图 7-29 中子星表面引力红移与对称能系数 a_{sym} 的关系

总之,中子星的质量、半径和表面引力红移都大体上随着中子星物质的对称能系数 a_{sym} 的增大而增大。

7.8.5 有效质量 m^*/m 对中子星性质的影响

中子星质量与有效质量 m^*/m 的关系示于图 7-30。由图可知,随着有效质量 m^*/m 的增大,中子星的最大质量总体上减小,即中子星物质的有效质量 m^*/m 越大,则中子星最大质量越小。

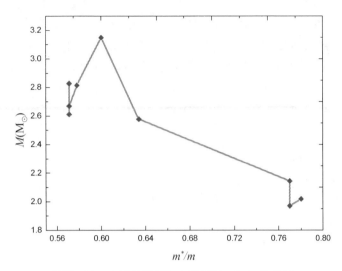

图 7-30　中子星质量与有效质量 m^*/m 的关系

中子星半径与有效质量 m^*/m 的关系示于图 7-31。由图可知，随着有效质量 m^*/m 的增大，中子星半径总体上减小，即中子星物质的有效质量 m^*/m 越大，则中子星半径越小。

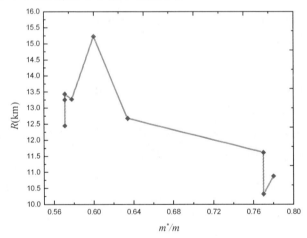

图 7-31　中子星半径与有效质量 m^*/m 的关系

图 7-32 给出了中子星表面引力红移与有效质量 m^*/m 的关系。由图可知，随着有效质量 m^*/m 的增大，中子星表面引力红移总体上减小，即中子星物质的有效质量 m^*/m 越大，则中子星表面引力红移

越小。

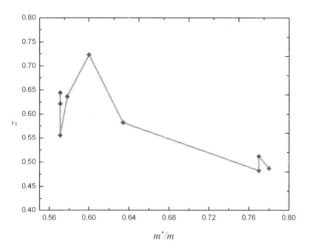

图 7–32 中子星表面引力红移与有效质量 m^*/m 的关系

总之,中子星的质量、半径和表面引力红移总体上随着有效质量 m^*/m 的增大而减小。

7.9 结论

总之,本章中我们利用相对论平均场理论计算研究了核子耦合参数对中子星性质尤其是对中子星最大质量的影响。此处,我们假设中子星仅含有中子、质子和电子。研究发现,就我们选择的九组核子耦合参数来说,核子耦合参数 NLSH 对应的物态方程是最硬的,而核子耦合参数 CZ11 对应的物态方程是最软的。相应的,核子耦合参数 NLSH 计算的中子星最大质量是最大的,核子耦合参数 CZ11 计算的中子星最大质量是最小的。

如果假设中子星物质仅含有中子、质子和电子,我们利用核子耦合参数 CZ11 计算得到的中子星最大质量为 $1.9702\ M_\odot$,它正好是大质量中子星 PSR J1614-2230 的质量。这样,我们就得到了中子星 PSR J1614-2230 的一个理论模型。

我们根据得到的中子星 PSR J1614-2230 的模型,计算研究了该大质量中子星的性质。

我们还计算研究了饱和核物质对中子星性质的影响。研究发现,饱和核物质的密度和单粒子束缚能与中子星的质量、半径和表面引力红移之间没有必然的联系;中子星的质量、半径和表面引力红移随着压缩模量和对称能系数的增大而增大,随着有效质量的增大而减小。

核子耦合参数 NLSH 对应于最硬的物态方程,由它计算得到的中子星最大质量在我们选取的九组核子耦合参数中是最大的。因此,当我们考虑中子星内部含有超子时,为了得到中子星最大质量 1.97 $M_\odot$ 的目的,我们将首先选择核子耦合参数 NLSH,然后再选择那些合适的超子耦合参数以得到该中子星的最大质量。这是我们接下来要做的另一项工作。

参考文献

[1] DEMOREST P B, PENNUCCI T, RANSOM S M, et al. A two-solar-mass neutron star measured using Shapiro delay[J]. Nature, 2010, 467(7319):1081 - 1083.

[2] GLENDENNING N K. Neutron stars are giant hypernuclei?[J]. The Astrophysical Journal, 1985, 293:470 - 493.

[3] GLENDENNING N K, MOSZKOWSKI S A. Reconciliation of neutronstar masses and binding of the Lambda in hypernuclei[J]. Physical Review Letters, 1991(67):2414 - 2417.

[4] SCHULZE H J, RIJKEN T. Maximum mass of hyperon star with the Nijmegen ESC08 model [J]. Physical Review C, 2011, 84(3):035801.

[5] VIDANA I, LOGOTETA D, PROVIDêNCIA C, et al. Estimation of the effect of hyperonic three-body forces on the maximum mass of neutron stars[J]. Europhysics Letters, 2011, 94(1):11002.

[6] HOTOKEZAKA K, KYUTOKU K, OKAWA H, et al. KIUCHI K. Binary neutron star mergers: Dependence on the nuclear equation of state[J]. Physical Review D, 2011, 83(12):124008.

[7] ZHAO X F, DONG A J, JIA H Y. The mass calculations for the neutron star PSR J1614-2230[J]. Acta Physica Polonica B, 2012, 43(8):1783 - 1789.

[8] GLENDENNING N K. Compact Stars: Nuclear Physics, Particle Physics, and General Relativity[M]. New York: Springer-Verlag, 1997.

[9] ZHAO X F. Constraining the surface gravitational redshift of proto neutron stars with

new nucleon coupling constants[J]. International Journal of Theoretical Physics, 2011,50(9):2951-2960.

[10] TYPEL S, WOLTER H H. Relativistic mean field calculations with density-dependent meson-nucleon coupling[J]. Nuclear Physics A,1999(656):331-364.

[11] Suk-Joon L, Fink J, Balantekin A B, et al. Reinhard P G. Maruhn J A. Greiner A W. Relativistic Hartree calculations for axially deformed nuclei[J]. Physical Review Letters,1986(57):2916-2919.

[12] SHARMA M M, NAGARAJAN M A, RING P. Rho meson coupling in the relativistic mean field theory and description of exotic nuclei[J]. Physics Letter B,1993,312(4):377-381.

[13] SUGAHARA Y, TOKI H. Relativistic mean field theory for lambda hypernuclei and neutron stars[J]. Progress of Theoretical Physics,1994,92(4):803-813.

8 大质量前身中子星研究

8.1 计算前身中子星质量的第一种方法

8.1.1 引言

超新星爆发要经历 0.5~1.0 秒,在几毫秒之内其富含轻子的核心区域就转化成静态平衡星体。这样,前身中子星就产生了。又经历了几十秒之后,它通过中微子辐射放出能量,自身的温度降低,将转化为中子星。对于一颗质量为 1.4 $M_\odot$ 的前身中子星,在 0~20 s 之内,它的温度 T 就由 30 MeV 降至 5 MeV[1]。

对于一颗新近形成的前身中子星,由于中微子还来不及由星体的核心区域发射出去,因此,前身中子星的质量一定比观测到的对应的中子星的质量要大些[2]。

电磁相互作用对亚饱和密度的相图有强烈影响,尽管在超饱和密度时相图几乎是独立于电荷作用的[3]。虽然前身中子星有很强的磁场,但是,它对动力的影响很小[4]。在决定中子星的结构和超新星核心塌缩的演化过程方面,对称能起到了很大的作用[5]。在演化末期,一颗孤立的中子星具有一个它不能达到的质量最大值[6]。

近年来,两颗大质量中子星先后接连被发现。2010 年,Demorest 等人发现了大质量中子星 PSR J1614-2230[7]。2013 年,Antoniadis 等人发现了另一颗质量更大的中子星 PSR J0348 + 0432,其质量为 (2.01 ± 0.04) $M_\odot$,它或许是迄今发现的最大质量的中子星[8]。

对于大质量中子星来说,它们的前身中子星的性质对于理解星体的演化是很重要的。我们对于大质量前身中子星 PSR J0348+0432 具有很大的兴趣。

由于大质量中子星的质量很大,它无疑会对中子星的性质产生某些限制,例如会对介子的势场强度、重子的化学势、粒子的分布质量和半径产生限制。另外,前身中子星较高的温度也会对其限制产生影响。

本节中,我们利用相对论平均场理论由中子星 PSR J0348+0432 的观测质量给出了计算前身中子星 PSR J0348+0432 质量的第一种方法,并研究了前身中子星内部重子的相对粒子数密度。

8.1.2 计算理论和计算参数

中子星或者前身中子星物质的 Lagrangian 密度以及中子星物质的能量密度和压强见式(2-1)[9]。

前身中子星物质的能量密度和压强写为[10][11]

$$\varepsilon = \frac{1}{2}m_\sigma^2\sigma^2 + \frac{1}{3}g_2\sigma^3 + \frac{1}{4}g_3\sigma^4 + \frac{1}{2}m_\omega^2\omega_0^2 + \frac{1}{2}m_\rho^2\rho_{03}^2 +$$

$$\sum_B \frac{2J_B+1}{2\pi^2}\int_0^\infty k^2\sqrt{k^2+m^{*2}}\,\mathrm{d}k \times$$

$$\left\{\exp\left[\frac{\varepsilon_B(k)-\mu_B}{T}\right]+1\right\}^{-1} +$$

$$\sum_{\lambda=e,\mu} \frac{2J_\lambda+1}{2\pi^2}\int_0^\infty k^2\sqrt{k^2+m_\lambda^{*2}}\,\mathrm{d}k \times$$

$$\left\{\exp\left[\frac{\varepsilon_\lambda(k)-\mu_\lambda}{T}\right]+1\right\}^{-1} \tag{8-1}$$

$$p = -\frac{1}{2}m_\sigma^2\sigma^2 - \frac{1}{3}g_2\sigma^3 - \frac{1}{4}g_3\sigma^4 + \frac{1}{2}m_\omega^2\omega_0^2 + \frac{1}{2}m_\rho^2\rho_{03}^2 +$$

$$\frac{1}{3}\sum_B \frac{2J_B+1}{2\pi^2}\int_0^\infty \frac{k^4}{\sqrt{k^2+m^{*2}}}\,\mathrm{d}k \times$$

$$\left\{\exp\left[\frac{\varepsilon_B(k)-\mu_B}{T}\right]+1\right\}^{-1} +$$

$$\frac{1}{3}\sum_{\lambda=e,\mu} \frac{2J_\lambda+1}{2\pi^2}\int_0^\infty \frac{k^4}{\sqrt{k^2+m_\lambda^{*2}}}\,\mathrm{d}k \times$$

$$\left\{\exp\left[\frac{\varepsilon_\lambda(k) - \mu_\lambda}{T}\right] + 1\right\}^{-1} \tag{8-2}$$

此处，m^* 是重子的有效质量，等于 $(m_B - g_{\sigma B}\sigma)$。

我们利用 TOV 方程式 (1-80) 和式 (1-90) 计算中子星与前身中子星的质量和半径。

本工作核子耦合参数取为 GL85 参数组[12]（见第 2.2.2 节）。

由文献[13]我们看到，超子耦合参数（$x_{\sigma\Lambda} = 0.8$，$x_{\omega\Lambda} = 0.9319$；$x_{\sigma\Sigma} = 0.4$，$x_{\omega\Sigma} = 0.8250$；$x_{\sigma\Xi} = 0.8383$，$x_{\omega\Xi} = 0.999$）能够给出大质量中子星 PSR J0348+0432 的质量。由于前身中子星质量要大于相应的中子星质量[2]，因此，这组超子耦合参数也可以给出大质量前身中子星 PSR J0348+0432 的质量。所以，本工作中，我们使用这组超子耦合参数来计算研究中子星/前身中子星 PSR J0348+0432 的粒子分布。

因为前身中子星诞生后的 0~20 s 之内，其温度在 5~30 MeV[1]。我们可以假设，在某一时刻 t，前身中子星 PSR J0348+0432 的温度可以为 $T = 25$ MeV。本工作中，我们取前身中子星的温度为 $T = 25$ MeV。

8.1.3　计算前身中子星 PSR J0348+0432 质量的第一种方法

下面给出计算前身中子星 PSR J0348+0432 质量的第一种方法（记为方法 1）。

我们假设零温中子星 PSR J0348+0432 的观测质量下限为 $M_{0,1}$，质量上限为 $M_{0,2}$，零温中子星的质量为 M_0。则中子星 PSR J0348+0432 的观测质量范围是：$M_{0,1}(=1.97~M_\odot) \leqslant M_0 \leqslant M_{0,2}(=2.05~M_\odot)$。因为前身中子星的质量要大于相应的中子星的质量[2]，所以前身中子星 PSR J0348+0432 的质量必定要大于其相应的中子星的质量。

设前身中子星 PSR J0348+0432 的温度为 $T = 25$ MeV 时，由相应的中子星观测质量所确定的其质量下限为 $M_{25,1}$，质量上限为 $M_{25,2}$，前身中子星 PSR J0348+0432 的质量为 M_{25}。则我们由相应的中子星观测质量所确定的前身中子星 PSR J0348+0432 的质量范围为：$M_{25,1} \leqslant M_{25} \leqslant M_{25,2}$。

对于零温中子星，我们计算的其最大质量为 $M_{0,\max} = 2.0660~M_\odot$。当温度为 $T = 25$ MeV 时，由同一物态方程计算的前身中子星的最大质

量为 $M_{25,\max} = 2.0895\ M_\odot$。

我们假设前身中子星的最大质量和中子星的最大质量满足正比关系。那么,由如下关系

$$\frac{M_{25,1}}{M_{0,1}} = \frac{M_{25,\max}}{M_{0,\max}} \tag{8-3}$$

我们得到

$$M_{25,1} = \frac{M_{25,\max}}{M_{0,\max}} M_{0,1}$$

$$= \frac{2.0895}{2.0660} \times 1.97 = 1.9924 M_\odot \tag{8-4}$$

类似地,我们能够得到前身中子星 PSR J0348+0432 的质量上限为 $M_{25,2} = 2.0733\ M_\odot$。这样,前身中子星 PNS PSR J0348+0432 的质量范围应该为 $1.9924\ M_\odot \leq M_{25} \leq 2.0733\ M_\odot$(如图 8-1 所示)。

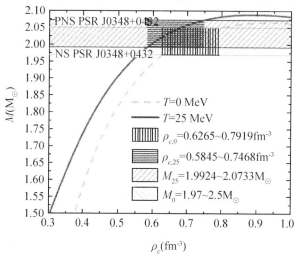

图 8-1　中子星/前身中子星与中心重子数密度的关系

由图 8-1 我们看到,前身中子星 PSR J0348+0432 的质量 M_{25} 为 1.9924~2.0733 $M_\odot$,其中心重子数密度 $\rho_{c,25}$ 的范围为 0.5845~0.7468 fm^{-3};而中子星 PSR J0348+0432 的质量 M 为 1.97~2.05 $M_\odot$,其中心重子数密度 $\rho_{c,0}$ 应为 0.6265~0.7919 fm^{-3}(见表 8-1)。

表 8-1 本工作的计算结果

	NS PSR J0348+0432	PNS PSR J0348+0432
M	1.97 ~ 2.05	1.9924 ~ 2.0733
ρ_c	0.6265 ~ 0.7919	0.5845 ~ 0.7468
$\sigma_{0,c}$	0.3194 ~ 0.3544	0.3071 ~ 0.3429
$\omega_{0,c}$	0.3631 ~ 0.4564	0.3391 ~ 0.4309
$\rho_{03,c}$	0.0880 ~ 0.0926	0.0815 ~ 0.0866
$\mu_{n,c}$	6.9456 ~ 7.6693	6.6893 ~ 7.4167
$\mu_{e,c}$	1.3217 ~ 1.3454	1.2304 ~ 1.2842
$\rho_{n,c}/\rho$	55.03% ~ 65.90%	56.24% ~ 64.92%
$\rho_{p,c}/\rho$	21.93% ~ 22.10%	22.39% ~ 22.66%
$\rho_{\Lambda,c}/\rho$	12.16% ~ 19.16%	10.31% ~ 16.63%
$\rho_{\Sigma^-,c}/\rho$	0	0.0004% ~ 0.0007%
$\rho_{\Sigma^0,c}/\rho$	0	0.007% ~ 0.017%
$\rho_{\Sigma^+,c}/\rho$	0	0.110% ~ 0.389%
$\rho_{\Xi^-,c}/\rho$	0.006% ~ 3.71%	1.93% ~ 4.19%
$\rho_{\Xi^0,c}/\rho$	0	0.06% ~ 0.15%

注：质量 M、中心重子数密度 ρ_c、介子 σ_0，ω_0 和 ρ_0 的中心势场强度、中子和电子的中心化学势 $\mu_{n,c}$ 和 $\mu_{e,c}$ 的单位分别为 $M_\odot$、fm^{-3}、fm^{-1} 和 fm^{-1}。

下面利用上述得到的前身中子星 PSR J0348+0432 的质量研究前身中子星的性质。

8.1.4 介子 σ、ω 和 ρ 的势场强度

介子 σ、ω 和 ρ 的势场强度与重子数密度的关系示于图 8-2。我们看到，前身中子星 PSR J0348+0432 中 σ 介子的势场强度比中子星 PSR J0348+0432 中的小。

前身中子星 PSR J0348+0432 中心区域内的 σ 介子的势场强度 $\sigma_{0,25c}$ 范围为 $0.3071 \sim 0.3429 \ fm^{-1}$，而中子星 PSR J0348+0432 中心区域内的 σ 介子的势场强度 $\sigma_{0,0c}$ 范围为 $0.3194 \sim 0.3544 \ fm^{-1}$。其中，$\sigma_{0,25c}$ 表示前身中子星中心区域内 σ 介子的势场强度，$\sigma_{0,0c}$ 表示中子星

中心区域内 σ 介子的势场强度。

对应于同一个重子数密度 ρ,前身中子星 PSR J0348+0432 内的 ω 介子势场强度和中子星 PSR J0348+0432 内的 ω 介子势场强度几乎一样。但是,前身中子星 PSR J0348+0432 内 ω 介子的中心势场强度的 $\omega_{0,25c}$ 范围为 $0.3391\sim0.4309$ fm^{-1},而中子星 PSR J0348+0432 内 ω 介子中心势场强度 $\omega_{0,0c}$ 的范围将变为 $0.3631\sim0.4564$ fm^{-1}。其中,$\omega_{0,25c}$ 为前身中子星 PSR J0348+0432 内 ω 介子的中心势场强度,$\omega_{0,0c}$ 为中子星 PSR J0348+0432 内 ω 介子的中心势场强度。

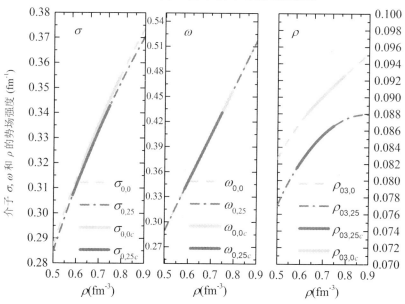

图 8-2 介子 σ,ω 和 ρ 的势场强度与重子数密度的关系

我们也看到,前身中子星 PSR J0348+0432 内的 ρ 介子势场强度小于中子星 PSR J0348+0432 内的 ρ 介子势场强度。另外,前身中子星 PSR J0348+0432 内 ρ 介子的中心势场强度 $\rho_{03,25c}$ 范围为 $0.0815\sim0.0866$ fm^{-1},中子星 PSR J0348+0432 内 ρ 介子的中心势场强度 $\rho_{03,0c}$ 范围为 $0.0880\sim0.0926$ fm^{-1}。其中,$\rho_{03,25c}$ 为前身中子星 PSR J0348+0432 中 ρ 介子的中心势场强度,$\rho_{03,0c}$ 为中子星 PSR J0348+0432 中 ρ 介子的中心势场强度。

由此可见,与中子星 PSR J0348+0432 相比,前身中子星 PSR J0348+0432 内的介子 σ、ω 和 ρ 的势场强度均减小。

介子 σ、ω 和 ρ 的势场强度也可见于表 8-1。

8.1.5 中子和电子的化学势

中子和电子的化学势与重子数密度的关系示于图 8-3。我们看到,相对于同一重子数密度 ρ,前身中子星 PSR J0348+0432 内的中子和电子的化学势分别小于中子星 PSR J0348+0432 内的中子和电子的化学势。

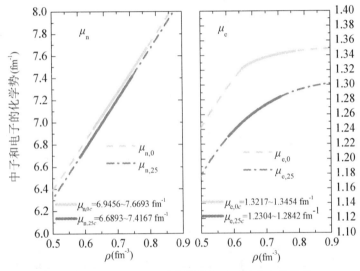

图 8-3　中子和电子的化学势与重子数密度的关系

我们还看到,前身中子星 PSR J0348+0432 内的中子的化学势 $\mu_{n,25c}$ 范围为 $6.6893 \sim 7.4167 \text{ fm}^{-1}$,而中子星 PSR J0348+0432 内的中子的化学势 $\mu_{n,0c}$ 范围为 $6.9456 \sim 7.6693 \text{ fm}^{-1}$。前身中子星 PSR J0348+0432 内的电子的化学势 $\mu_{e,25c}$ 范围为 $1.2304 \sim 1.2842 \text{ fm}^{-1}$,而中子星 PSR J0348+0432 内的电子的化学势 $\mu_{e,0c}$ 范围为 $1.3217 \sim 1.3454 \text{ fm}^{-1}$。其中,$\mu_{n,25c}$ 和 $\mu_{n,0c}$ 分别为前身中子星和中子星 PSR J0348+0432 内中子的中心化学势,$\mu_{e,25c}$ 和 $\mu_{e,0c}$ 分别为前身中子星和中子星 PSR J0348+0432 内电子的中心化学势。

8.1.6 前身中子星 PSR J0348+0432 内部重子的相对粒子数密度

图 8-4 给出了相对粒子数密度 ρ_i/ρ 与重子数密度 ρ 的关系。

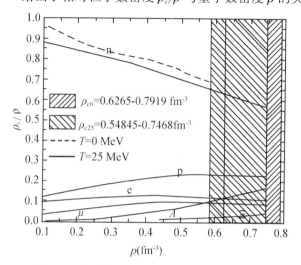

图 8-4 相对粒子数密度与重子数密度的关系

我们看到,相对于同一重子数密度 ρ ,前身中子星 PSR J0348+0432 内中子的相对粒子数密度 ρ_n/ρ 小于中子星 PSR J0348+0432 内中子的相对粒子数密度。在星体中心处,前身中子星 PSR J0348+0432 内中子的相对粒子数密度 $\rho_{n,25c}/\rho$ 为 56.24% ~ 64.92%,而中子星 PSR J0348+0432 内中子的相对粒子数密度 $\rho_{n,0c}/\rho$ 为 55.03% ~ 65.90%。其中,$\rho_{n,25c}/\rho$ 为前身中子星内中心相对中子数密度,$\rho_{n,0c}/\rho$ 为中子星内中心相对中子数密度。

当重子数密度 ρ < 0.4 fm^{-3} 时,相对于同一重子数密度 ρ ,前身中子星 PSR J0348+0432 内质子的相对粒子数密度小于中子星 PSR J0348+0432 内质子的相对粒子数密度。但是,当重子数密度 ρ 大于 0.4 fm^{-3} 时,前身中子星 PSR J0348+0432 内和中子星 PSR J0348+0432 内的中子的相对粒子数密度相差很小。前身中子星 PSR J0348+0432 内中心相对质子数密度 $\rho_{p,25c}/\rho$ 为 22.39% ~ 22.66%,而中子星 PSR J0348+0432 内中心相对质子数密度 $\rho_{p,0c}/\rho$ 为 21.93% ~ 22.10%。其中, $\rho_{p,25c}/\rho$ 为前身中子星 PSR J0348+0432 内中心相对质子数密度,$\rho_{p,0c}/\rho$

为中子星 PSR J0348+0432 内中心相对质子数密度。

对应于同一重子数密度 ρ，前身中子星 PSR J0348+0432 内的 Λ 超子的相对粒子数密度 ρ_Λ/ρ 大于中子星 PSR J0348+0432 内的 Λ 超子的相对粒子数密度。另外，在中子星 PSR J0348+0432 内只有当重子数密度为 $\rho=0.46\ \text{fm}^{-3}$ 时 Λ 超子才开始产生，但是，在前身中子星 PSR J0348+0432 内，Λ 超子在重子数密度 ρ 大约为 $0.2\ \text{fm}^{-3}$ 时就开始产生了。在前身中子星 PSR J0348+0432 内，超子 Λ 的中心相对粒子数密度 $\rho_{\Lambda,25c}/\rho$ 为 10.31%~16.63%，而中子星 PSR J0348+0432 内超子 Λ 的中心相对粒子数密度 $\rho_{\Lambda,0c}/\rho$ 为 12.16%~19.16%。这是由于前身中子星的质量大于中子星质量的缘故。

超子 Σ^-，Σ^0，Σ^+ 和 Ξ^0 的相对粒子数密度与重子数密度的关系示于图 8-5。对于 Σ^- 超子，在中子星 PSR J0348+0432 内它将在重子数密度 ρ 大约为 $0.65\ \text{fm}^{-3}$ 时产生，这一重子数密度仍然小于中心重子数密度；但是在前身中子星 PSR J0348+0432 内，它在重子数密度 ρ 大约为 $0.45\ \text{fm}^{-3}$ 时就产生了。前身中子星 PSR J0348+0432 内 Σ^- 超子的中心相对粒子数密度 $\rho_{\Xi^-,25}/\rho$ 为 1.93%~4.19%，而中子星 PSR J0348+0432 内 Σ^- 超子的中心相对粒子数密度 $\rho_{\Xi^-,0}/\rho$ 为 0.006%~3.71%。

在中子星 PSR J0348+0432 内部，超子 Σ^-，Σ^0，Σ^+ 和 Ξ^0 均不出现。但是，在前身中子星 PSR J0348+0432 内部它们都将产生，尽管它们的相对粒子数密度都很小。在前身中子星 PSR J0348+0432 内部，超子 Σ^- 的中心相对粒子数密度 $\rho_{\Sigma^-,c}/\rho$ 为 0.0004%~0.0007%，超子 Σ^0 的中心相对粒子数密度 $\rho_{\Sigma^0,c}/\rho$ 为 0.007%~0.017%，超子 Σ^+ 的中心相对粒子数密度 $\rho_{\Sigma^+,c}/\rho$ 为 0.11%~0.39%，超子 Ξ^0 的中心相对粒子数密度 $\rho_{\Xi^0,c}/\rho$ 为 0.065%~0.15%。

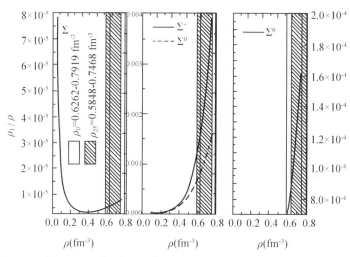

图8-5 超子Σ^-,Σ^0,Σ^+和Ξ^0的相对粒子数密度与重子数密度的关系

8.1.7 小结

本节中,我们利用相对论平均场理论给出了由中子星 PSR J0348 + 0432 的观测质量确定前身中子星 PSR J0348 + 0432 质量的第一种方法,并利用确定的前身中子星的质量计算研究了前身中子星 PSR J0348 + 0432 内部重子的相对粒子数密度。前身中子星 PSR J0348 + 0432 的温度取为 $T = 25$ MeV。我们发现,相应于中子星 PSR J0348 + 0432 的观测质量 $M_0 = 1.97 \sim 2.05$ M$_\odot$,前身中子星 PSR J0348 + 0432 的质量应该 M_{25} 在 1.9924 ~ 2.0733 M$_\odot$ 范围内。同样的,对应于前身中子星 PSR J0348 + 0432 的质量 M_{25} 为 1.9924 ~ 2.0733 M$_\odot$,其中心重子数密度应该 $\rho_{c,25}$ 在 0.5845 ~ 0.7468 fm^{-3} 范围内,而对应于中子星 PSR J0348 + 0432 的质量 M_0 为 1.97 ~ 2.05 M$_\odot$,其中心重子数密度 $\rho_{c,0}$ 应该在 0.6265 ~ 0.7919 fm^{-3}。

我们看到,在前身中子星 PSR J0348 + 0432 内部,介子 σ、ω 和 ρ 的中心势场强度分别为:$\sigma_{0,25c} = 0.3071 \sim 0.3429$ fm^{-1},$\omega_{0,25c} = 0.3391 \sim 0.4309$ fm^{-1} 和 $\rho_{03,25c} = 0.0815 \sim 0.0866$ fm^{-1},而在中子星 PSR J0348 + 0432 内部,分别为:$\sigma_{0,0c} = 0.3194 \sim 0.3544$ fm^{-1},$\omega_{0,0c} = 0.3631 \sim 0.4564$ fm^{-1} 和 $\rho_{03,0c} = 0.0880 \sim 0.0926$ fm^{-1}。相比于中子星 PSR J0348 + 0432,前身中子星内部介子 σ、ω 和 ρ 的势场强度减小了。

前身中子星 PSR J0348+0432 内中子和电子的中心化学势分别为：$\mu_{n,25c} = 6.6893 \sim 7.4167 \text{ fm}^{-1}$，$\mu_{e,25c} = 1.2304 \sim 1.2842 \text{ fm}^{-1}$，而中子星 PSR J0348+0432 内中子和电子的中心化学势分别为：$\mu_{n,0c} = 6.9456 \sim 7.6693 \text{ fm}^{-1}$，$\mu_{e,0c} = 1.3217 \sim 1.3454 \text{ fm}^{-1}$。

在计算中，我们考虑了重子八重态。我们发现，在中子星 PSR J0348+0432 内部，只有中子、质子、Λ 和 Ξ^- 产生。它们的中心相对粒子数密度分别为：$\rho_{n,0c}/\rho = 55.03\% \sim 65.90\%$，$\rho_{p,0c}/\rho = 21.93\% \sim 22.10\%$，$\rho_{\Lambda,0c}/\rho = 12.16\% \sim 19.16\%$ 和 $\rho_{\Xi^-,0c}/\rho = 0.006\% \sim 3.71\%$。相应地，在前身中子星 PSR J0348+0432 内部，这四种粒子的中心相对粒子数密度分别为：$\rho_{n,25c}/\rho = 56.24\% \sim 64.92\%$，$\rho_{p,25c}/\rho = 22.39\% \sim 22.66\%$，$\rho_{\Lambda,25c}/\rho = 10.31\% \sim 16.63\%$ 和 $\rho_{\Xi^-,25c}/\rho = 1.93\% \sim 4.19\%$。

我们的研究结果显示，在中子星 PSR J0348+0432 内部，超子 Σ^-，Σ^0，Σ^+ 和 Ξ^0 均不出现。但是，在前身中子星 PSR J0348+0432 内部，这些超子都产生了，尽管它们的相对粒子数密度较低：$\rho_{\Sigma^-,c}/\rho = 0.0004\% \sim 0.0007\%$，$\rho_{\Sigma^0,c}/\rho = 0.007\% \sim 0.017\%$，$\rho_{\Sigma^+,c}/\rho = 0.110\% \sim 0.389\%$ 和 $\rho_{\Xi^0,c}/\rho = 0.06\% \sim 0.15\%$。这表明较高的温度有利于超子的产生。

8.2 计算前身中子星质量的第二种方法

8.2.1 引言

超新星爆发后，在核心区域形成前身中子星。在其演化的早期，前身中子星冷却下来并且失去轻子，而同时它的半径减小、转速减慢[6]。

在演化末期，一颗孤立中子星的零温物态方程使之不能达到质量和转速的某一最大值。然而，一颗独立演化的成熟中子星不能够转动得太快，即使产生它的前身中子星转速极高[14]。新产生的前身中子星的质量要大于其对应的中子星的质量，因为此时中微子还没有来得及从星体核心区域辐射出去[2]。

电磁相互作用会对相图有很大的影响[3]。另外，在超新星核心塌缩的演化中，对称能起了很大的作用[5]。

不管怎么说，前身中子星的寿命还是很短的。对于一颗具有质量为 1.4 $M_\odot$ 的前身中子星,在时间为 0~20 s 之内它的温度就由 30 MeV 很快减小到 5 MeV[1]。前身中子星的寿命是如此之短以至于观测它是非常困难的一件事情。因此,如何从理论上来描述它就显得尤为很重。

有人对 PSR J1614-2230 和 PSR J0348+0432 等这些大质量中子星展开了广泛的理论研究[15]。但是,对于它们的前身中子星却研究得不够充分,而前身中子星的研究对理解星体演化是很重要的。

在本节,我们给出利用中子星的观测质量来确定其相应前身中子星质量的第二种方法。这里,我们使用了相对论平均场理论。

8.2.2 相对论平均场理论、中子星/前身中子星质量和计算参数

中子星/前身中子星物质的相对论平均场理论见上一节。核子耦合参数我们取 GL85[12](见第 2.2.2 节),我们利用 TOV 方程式(1-80)和式(1-90)计算中子星/前身中子星的质量和半径。

根据夸克结构的 SU(6) 对称性我们选择 $x_{\rho\Lambda}=0$, $x_{\rho\Sigma}=2$ 和 $x_{\rho\Xi}=1$[16]。本工作中超子在饱和核物质中的势阱深度我们分别取 $U_\Lambda^{(N)}=-30$ MeV[17], $U_\Sigma^{(N)}=40$ MeV[18-21] 和 $U_\Xi^{(N)}=-28$ MeV[22]。

根据文献[13],我们选择超子耦合参数($x_{\sigma\Lambda}=0.8$, $x_{\omega\Lambda}=0.9319$; $x_{\sigma\Sigma}=0.4$, $x_{\omega\Sigma}=0.8250$; $x_{\sigma\Xi}=0.8383$, $x_{\omega\Xi}=0.999$)来描述中子星/前身中子星 PSR J0348+0432 的性质。

本工作中,前身中子星的温度选为 $T=25$ MeV[1]。

根据相对论平均场理论和上述选择的参数,计算的中子星/前身中子星的质量示于图 8-6。

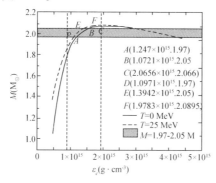

图 8-6 中子星/前身中子星的质量与中心能量密度的关系

中子星 PSR J0348+0432 的观测质量为 $M_{NS} = 1.97 \sim 2.05 \, M_\odot$。那么，相应于此，前身中子星 PSR J0348+0432 的质量范围应是多少呢？接下来，我们着手确定它。

8.2.3 利用观测的中子星质量确定前身中子星质量的第二种方法

在下面的内容中，我们给出利用观测的中子星质量确定前身中子星质量的第二种方法（记为方法2）。

中子星 PSR J0348+0432 中心能量密度 ε_c 的范围是 $1 \times 10^{15} \sim 2.0865 \times 10^{15} \, g \cdot cm^{-3}$，它在中子星/前身中子星 PSR J0348+0432 的质量最大值附近，我们选择它来研究中心能量密度 ε_c 和质量 M 的拟合性质（图8-6）。

对于中子星来说，我们假设 $M_{NS,1}$，$M_{NS,2}$ 和 $M_{NS,max}$ 分别为零温中子星的观测质量下限、观测质量上限和计算的质量最大值。然后，我们可以定义 $\varepsilon_{cNS,1}$，$\varepsilon_{cNS,2}$ 和 $\varepsilon_{cNS,max}$ 分别为对应于 $M_{NS,1}$，$M_{NS,2}$ 和 $M_{NS,max}$ 的中心能量密度。类似的，对前身中子星而言，如果我们假设 $M_{PNS,1}$，$M_{PNS,2}$ 和 $M_{PNS,max}$ 分别表示前身中子星的质量下限、质量上限和计算的质量的最大值，那么，我们可以定义 $\varepsilon_{cPNS,1}$，$\varepsilon_{cPNS,2}$ 和 $\varepsilon_{cPNS,max}$ 分别为对应于 $M_{PNS,1}$，$M_{PNS,2}$ 和 $M_{PNS,max}$ 的中心能量密度。

我们看到，无论对于中子星 PSR J0348+0432 还是对于前身中子星 PSR J0348+0432，中心能量密度和中心重子数密度之间满足线性关系（如图8-7所示）。

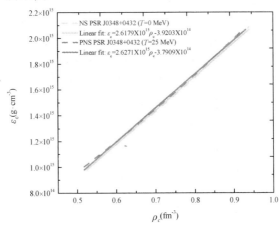

图8-7　中心能量密度和中心重子数密度间的线性关系

这样,我们有

$$\frac{\varepsilon_{cPNS,1}}{\varepsilon_{cNS,1}} = \frac{\varepsilon_{cPNS,2}}{\varepsilon_{cNS,2}} = \frac{\varepsilon_{cPNS,max}}{\varepsilon_{cNS,max}} \quad (8-5)$$

对于前身中子星质量和中心能量密度间的关系,我们发现采用多项式拟合可能是更为适合的(如图8-8所示)。

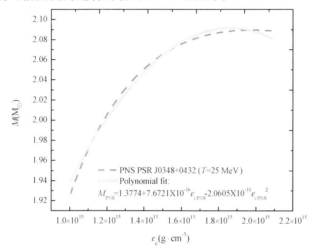

图8-8 中子星/前身中子星质量和中心能量密度之间的多项式拟合关系

$$M_{PNS} = 1.3774 + 7.6721 \times 10^{-16} \varepsilon_{cPNS} - 2.0605 \times 10^{-31} \varepsilon_{cPNS}^{2} \quad (8-6)$$

由式(8-5)和式(8-6)我们看到,如果我们知道了 $\varepsilon_{cPNS,max}$,$\varepsilon_{cNS,max}$,$\varepsilon_{cNS,1}$ 和 $\varepsilon_{cNS,2}$,我们就可以得到 $\varepsilon_{cPNS,1}$ 和 $\varepsilon_{cPNS,2}$。

通过上述分析,我们得到了一种利用中子星的观测质量来计算其相应的前身中子星质量的方法。

(1)写出中子星观测质量下限和上限对应的中心能量密度 $\varepsilon_{cNS,1}$ 和 $\varepsilon_{cNS,2}$、中子星最大质量对应的中心能量密度 $\varepsilon_{cNS,max}$ 和前身中子星最大质量对应的中心能量密度 $\varepsilon_{cPNS,max}$。

(2)计算出前身中子星质量下限和上限对应的中心能量密度 $\varepsilon_{cPNS,1}$ 和 $\varepsilon_{cPNS,2}$。

由式(8-5),我们得到前身中子星质量下限对应的中心能量密度为

$$\varepsilon_{cPNS,1} = \frac{\varepsilon_{cPNS,max}}{\varepsilon_{cNS,max}} \times \varepsilon_{cNS,1} \qquad (8-7)$$

和前身中子星质量上限对应的中心能量密度为

$$\varepsilon_{cPNS,2} = \frac{\varepsilon_{cPNS,max}}{\varepsilon_{cNS,max}} \times \varepsilon_{cNS,2} \qquad (8-8)$$

(3) 计算前身中子星的质量下限 $M_{PNS,1}$ 和质量上限 $M_{PNS,2}$。

由式(8-6)至式(8-8),我们得到前身中子星的质量下限为

$$M_{PNS,1} = 1.3774 + 7.6721 \times 10^{-16} \varepsilon_{cPNS,1} - 2.0605 \times 10^{-31} \varepsilon_{cPNS,1}^2$$
$$(8-9)$$

和前身中子星的质量上限为

$$M_{PNS,2} = 1.3774 + 7.6721 \times 10^{-16} \varepsilon_{cPNS,2} - 2.0605 \times 10^{-31} \varepsilon_{cPNS,2}^2$$
$$(8-10)$$

(4) 确定前身中子星的质量范围。

由(3),我们可以确定前身中子星质量的范围为 $M_{PNS} = M_{PNS,1} \sim M_{PNS,2}$。

8.2.4 前身中子星 PSR J0348+0432 质量的不确定范围

接下来,我们将利用上述方法确定前身中子星 PSR J0348+0432 质量的不确定范围。

(1) 对于中子星/前身中子星 PSR J0348+0432 来说,我们计算的中子星观测质量下限对应的中心能量密度为

$$\varepsilon_{cNS,1} = 1.2470 \times 10^{15} \text{ g} \cdot \text{cm}^{-3} \qquad (8-11)$$

中子星观测质量上限对应的中心能量密度为

$$\varepsilon_{cNS,2} = 1.6683 \times 10^{15} \text{ g} \cdot \text{cm}^{-3} \qquad (8-12)$$

计算的中子星最大质量对应的中心能量密度为

$$\varepsilon_{cNS,max} = 2.0856 \times 10^{15} \text{ g} \cdot \text{cm}^{-3} \qquad (8-13)$$

由此计算的前身中子星最大质量对应的中心能量密度为

$$\varepsilon_{cPNS,max} = 1.9783 \times 10^{15} \text{ g} \cdot \text{cm}^{-3} \qquad (8-14)$$

(2) 对于前身中子星 PSR J0348+0432,质量下限对应的中心能量密度为

$$\varepsilon_{cPNS,1} = \frac{\varepsilon_{cPNS,max}}{\varepsilon_{cNS,max}} \times \varepsilon_{cNS,1} = 1.1828 \times 10^{15} \text{ g} \cdot \text{cm}^{-3} \qquad (8-15)$$

8 大质量前身中子星研究

类似地,我们得到前身中子星 PSR J0348+0432 质量上限对应的中心能量密度为

$$\varepsilon_{cPNS,2} = \frac{\varepsilon_{cPNS,max}}{\varepsilon_{cNS,max}} \times \varepsilon_{cNS,2} = 1.5825 \times 10^{15} \text{ g} \cdot \text{cm}^{-3} \quad (8-16)$$

(3) 根据式(8-7)至式(8-10),我们分别得到前身中子星的质量下限 $M_{PNS,1}$ 为 1.9966 $M_\odot$,质量上限 $M_{PNS,2}$ 为 2.0755 $M_\odot$。

(4) 由中子星 PSR J0348+0432 的观测质量 M_{NS} = 1.97~2.05 $M_\odot$ 确定的前身中子星 PSR J0348+0432 的质量范围为 1.9966~2.0755 $M_\odot$。

中子星/前身中子星 PSR J0348+0432 的质量与半径的关系示于图 8-9。我们看到,前身中子星 PSR J0348+0432 的半径 R_{PNS} 为 15.656~14.421 km(见表 8-2),它比中子星 PSR J0348+0432 的半径(R_{NS} = 12.964~12.364 km)要大些。

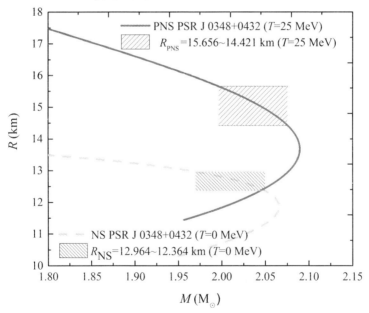

图 8-9 中子星/前身中子星 PSR J0348+0432 的质量与半径的关系

表 8-2 本工作中计算的中子星/前身中子星 PSR J0348+0432 的质量和半径

	T (MeV)	M ($M_\odot$)	R (km)
NS	0	1.97~2.05	12.964~12.364
PNS	25	1.9966~2.0755	15.656~14.421

8.2.5 小结

本节中,我们给出了利用中子星的观测质量求出其对应的前身中子星质量的第二种方法。在此,我们采用了相对论平均场理论。

我们首先写出中子星观测质量下限对应的中心能量密度 $\varepsilon_{cNS,1}$、质量上限对应的中心能量密度 $\varepsilon_{cNS,2}$、计算的中子星最大质量对应的中心能量密度 $\varepsilon_{cNS,max}$ 和计算的前身中子星最大质量对应的中心能量密度 $\varepsilon_{cPNS,max}$。然后,我们计算出前身中子星质量下限对应的中心能量密度 $\varepsilon_{cPNS,1}$ 和质量上限对应的中心能量密度 $\varepsilon_{cPNS,2}$。接下来,我们就可以算出前身中子星的下限质量 $M_{PNS,1}$ 和上限质量 $M_{PNS,2}$。最后,我们就能够确定前身中子星的质量范围 $M_{PNS} = M_{PNS,1} \sim M_{PNS,2}$。得到了前身中子星的质量后,我们就可以利用该模型研究前身中子星的性质。我们的研究结果表明,前身中子星 PSR J0348+0432 的半径比中子星 PSR J0348+0432 的半径大。

8.3 计算前身中子星质量的第三种方法

8.3.1 引言

中子星是高速旋转的天体[1]。为了描述中子星的转动性质,转动惯量将是一个非常重要的物理量。对于慢旋转中子星来说,其转动惯量可以用由广义相对论出发得到的方程来计算[23-24]。

中子星物质的物态方程将影响中子星的转动惯量,转动惯量的测量(例如中子星 PSR J0737-3039A)也能对中子星物质提供限制[25]。中子星 PSR J0737-3039A 转动惯量的观测误差为10%,在没有其他观测信息的条件下,将约束物态方程使得密度在50%~60%范围之内。对于质量为 1.4 $M_\odot$ 的中子星,在 $(0.6 \sim 6) \times 10^{36}$ g·cm^2·s^2 之间的潮汐形变(信度为95%)以及一些限制此范围的测量将对密实物质提供约束[26]。如果直到饱和核密度物态方程还是可信的话,转动惯量的测量将约束中子星 PSR J0737-3039A 的半径在 ±1 km 范围内[27]。

另外,中子星的壳转动惯量能够解释观测到的年轻脉冲星的自转突变行为,而该现象来源于星体壳与星体内部转动惯量的交换[28]。

对于前身中子星 PSR J0348+0432 转动惯量的研究却做得不够充分,而该星体转动惯量研究对于理解星体的演化是很重要的。理由可能是因为前身中子星的寿命很短,因而,前身中子星的观测比较困难。例如,对于一颗质量为 1.4 $M_\odot$ 的前身中子星,它的温度将在 0~20 s 之内由 30 MeV 减小到 5 MeV[1]。

因此,如何由中子星的观测质量在理论上确定其相应的前身中子星质量将是一项很重要的工作。

本节中,我们首先给出第三种由中子星的观测质量来确定相应的前身中子星质量的方法,然后,利用相对论平均场理论计算研究了大质量前身中子星 PSR J0348+0432 的转动惯量。

8.3.2 计算理论和计算参数

中子星/前身中子星的相对论平均场理论、能量密度和压强、质量和半径的计算见第 8.1.2 节。本工作中,核子耦合参数取为 GL85[12]。

我们同样利用文献[13]给出的超子耦合参数($x_{\sigma\Lambda}=0.8$, $x_{\omega\Lambda}=0.9319$; $x_{\sigma\Sigma}=0.4$, $x_{\omega\Sigma}=0.8250$; $x_{\sigma\Xi}=0.8383$, $x_{\omega\Xi}=0.999$)来描述中子星 PSR J0348+0432 的性质。由于前身中子星的质量大于其相应的中子星质量[2],我们也利用这组参数来描述前身中子星 PSR J0348+0432。前身中子星 PSR J0348+0432 的温度 T 取为 25 MeV[1]。

由相对论平均场理论和上述选取的参数计算的中子星和前身中子星 PSR J0348+0432 质量与中心能量密度的关系示于图 8-10。

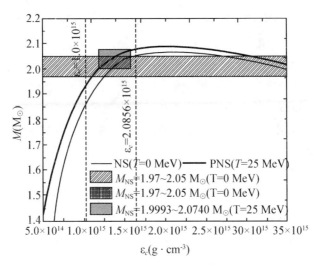

图 8-10 中子星/前身中子星的质量 M 和中心能量密度的关系

中子星 PSR J0348+0432 的观测质量 M_{NS} 为 $1.97 \sim 2.05\ M_\odot$,接下来我们将利用它来确定前身中子星 PSR J0348+0432 的质量。

8.3.3 中子星/前身中子星中心能量密度和质量的拟合性质

在计算的中子星最大质量附近,我们选择中心能量密度 ε_c 为 $1\times10^{15} \sim 2.0865\times10^{15}\ g\cdot cm^{-3}$ 来研究中心能量密度 ε_c 和中子星质量 M 的拟合关系(图 8-10)。

我们定义 $M_{NS,1}$、$M_{NS,2}$ 和 $M_{NS,max}$ 分别为中子星 PSR J0348+0432 的观测质量下限、观测质量上限和计算的中子星最大质量。然后,我们定义 $\varepsilon_{cNS,1}$、$\varepsilon_{cNS,2}$ 和 $\varepsilon_{cNS,max}$ 分别为对应于 $M_{NS,1}$、$M_{NS,2}$ 和 $M_{NS,max}$ 的中心能量密度。类似地,我们定义 $M_{PNS,1}$、$M_{PNS,2}$ 和 $M_{PNS,max}$ 为相应的前身中子星计算的质量下限、质量上限和最大质量。定义 $\varepsilon_{cPNS,1}$、$\varepsilon_{cPNS,2}$ 和 $\varepsilon_{cPNS,max}$ 分别为对应于 $M_{PNS,1}$、$M_{PNS,2}$ 和 $M_{PNS,max}$ 的中心能量密度。

由图 8-11 可见,中子星/前身中子星的中心能量密度 ε_c 与中心重子数密度 ρ_c 满足正比例关系。

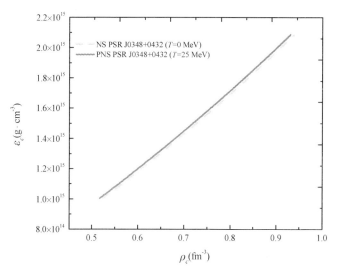

图 8-11　中心能量密度与中心重子数密度的关系

关于前身中子星的质量 M_{PNS} 与中心能量密度 $\varepsilon_{\mathrm{cPNS}}$ 的拟合关系,我们研究了 20 种拟合情况,结果示于表 8-3。我们发现,采用 Boltzmann 拟合是合适的,该拟合的调整系数为 Adj. R-Square = 0.99957(如图 8-12 所示)。

表 8-3　前身中子星质量和中心能量密度的拟合关系

kind	Fitting	Adj. R-Square	kind	Fitting	Adj. R-Square
1	Linear Fit	0.81653	11	Gauss Fit	0.99138
2	Polynomial Fit	0.99222	12	GaussAmp Fit	0.99219
3	Allometricl Fit	0.87711	13	Hyperbl Fit	0.9276
4	Boltzmann Fit	0.99957	14	Logistic Fit	0.99929
5	ExpAssoc Fit	0.99847	15	LogNormal Fit	0.99943
6	ExpDec1 Fit	0.99848	16	Lorentz Fit	0.99087
7	ExpDec2 Fit	0.99955	17	Rational0 Fit	0.99191
8	ExpDec3 Fit	0.99954	18	Sine Fit	0.99219
9	ExpGrow1 Fit	0.81509	19	Asymptoticl Fit	0.99719
10	ExpGrow2 Fit	0.98669	20	BoxLucas Mod Fit	0.97782

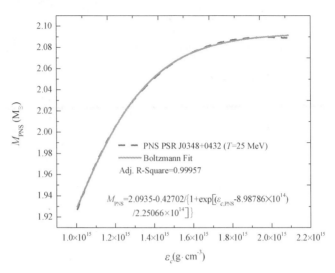

图 8-12 前身中子星的质量和中心能量密度之间的 Boltzmann 拟合关系

前身中子星质量 M_{PNS} 与中心能量密度 $\varepsilon_{c\text{PNS}}$ 之间的 Boltzmann 拟合方程为

$$M_{\text{PNS}} = 2.0935 - \frac{0.42702}{1 + e^{\frac{\varepsilon_{c\text{PNS}} - 8.98786 \times 10^{14}}{2.25066 \times 10^{14}}}} \quad (8-17)$$

由式(8-5)和式(8-17)我们看到,如果知道了前身中子星最大质量对应的中心能量密度 $\varepsilon_{c\text{PNS,max}}$、中子星最大质量对应的中心能量密度 $\varepsilon_{c\text{NS,max}}$、中子星观测下限质量对应的中心能量密度 $\varepsilon_{c\text{NS},1}$ 和中子星观测上限质量对应的中心能量密度 $\varepsilon_{c\text{NS},2}$,我们就能得到前身中子星质量下限对应的中心能量密度 $\varepsilon_{c\text{PNS},1}$ 和质量上限对应的中心能量密度 $\varepsilon_{c\text{PNS},2}$。

8.3.4 计算前身中子星质量的第三种方法

由上述可知,我们可以得到第三种由中子星 PSR J0348+0432 的观测质量得到其对应的前身中子星 PSR J0348+0432 质量的方法(记为方法3)。

(1) 写出中子星的质量下限和上限对应的中心能量密度 $\varepsilon_{c\text{NS},1}$ 和 $\varepsilon_{c\text{NS},2}$、中子星最大质量和前身中子星最大质量对应的中心能量密度 $\varepsilon_{c\text{NS,max}}$ 和 $\varepsilon_{c\text{PNS,max}}$。

中子星 PSR J0348+0432 质量下限对应的中心能量密度 $\varepsilon_{c\text{NS},1}$、质

量上限对应的中心能量密度 $\varepsilon_{cNS,2}$、中子星最大质量对应的中心能量密度 $\varepsilon_{cNS,max}$ 和前身中子星最大质量对应的中心能量密度 $\varepsilon_{cPNS,max}$ 见于式(8-11)~式(8-14)。

(2) 计算前身中子星质量下限和上限对应的中心能量密度 $\varepsilon_{cPNS,1}$ 和 $\varepsilon_{cPNS,2}$。

前身中子星下限质量对应的中心能量密度和上限质量对应的中心能量密度见式(8-15)和式(8-16)。

(3) 计算前身中子星的下限质量 $M_{PNS,1}$ 和上限质量 $M_{PNS,2}$。

由式(8-15)、式(8-16)和式(8-17),我们得到前身中子星的质量下限为为 1.9993 $M_\odot$,质量上限为 2.0740 $M_\odot$。如此,我们确定的前身中子星质量的范围是 $M_{PNS,1}$ ~ $M_{PNS,2}$,即 M_{PNS} 为 1.9993~2.0740 $M_\odot$。

8.3.5 前身中子星 PSR J0348+0432 的转动惯量

根据上面得到的前身中子星 PSR J0348+0432 的质量,我们可以研究前身中子星 PSR J0348+0432 转动惯量的性质。

中子星/前身中子星 PSR J0348+0432 的半径与质量的关系示于图 8-13。我们看到,前身中子星 PSR J0348+0432 的半径为 R_{PNS} = 15.623~14.467 km(也可见表 8-4),而中子星 PSR J0348+0432 的半径则为 R_{NS} = 12.964~12.364 km。也就是说,前身中子星 PSR J0348+0432 的半径要大于中子星 PSR J0348+0432 的半径。

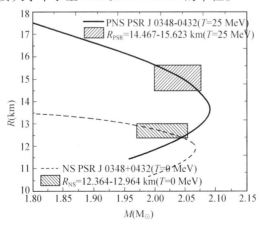

图 8-13 中子星/前身中子星 PSR J0348+0432 的半径与质量的关系

表8-4 本工作中子星/前身中子星 PSR J0348+0432 相关物理量的计算结果

	T (MeV)	ε_c ($\times 10^{15}$ g·cm^{-3})	M (M$_\odot$)	R (km)	I ($\times 10^{45}$ g·cm^2)
NS	0	1.2470~1.6683	1.97~2.05	12.364~12.964	1.6610~1.9195
PNS	25	1.1809~1.5798	1.9993~2.0740	14.467~15.623	1.9913~2.2599

中子星/前身中子星转动惯量与质量的关系示于图8-14。我们看到,前身中子星 PSR J0348+0432 转动惯量 $I_{\rm PNS}$ 为 $I_{\rm PNS}$ = 1.9913×10^{45} ~ 2.2599×10^{45} g·cm^2,而中子星 PSR J0348+0432 转动惯量则为 $I_{\rm NS}$ = 1.6610×10^{45} ~ 1.9195×10^{45} g·cm^2。可见,前身中子星的转动惯量 $I_{\rm PNS}$ 大于中子星的转动惯量 $I_{\rm NS}$。

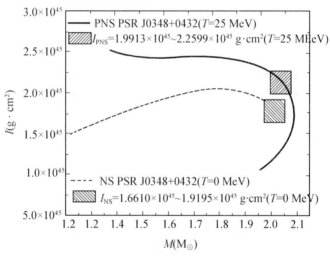

图8-14 中子星/前身中子星转动惯量与质量的关系

8.3.6 小结

本节中,我们利用相对论平均场理论给出了一种由中子星观测质量确定其相应的前身中子星质量的第三种方法,并计算研究了前身中子星 PSR J0348+0432 的转动惯量。

为了得到前身中子星 PSR J0348+0432 的质量,我们首先讨论了中子星/前身中子星能量密度和质量的拟合关系。我们发现,中子星/前身中子星的中心能量密度与中心重子数密度满足正比例关系。我们还发现,前身中子星质量与中心能量密度满足 Boltzmann 拟合关系。

根据上述分析,我们可以由中子星 PSR J0348 + 0432 的观测质量来确定相应的前身中子星 PSR J0348 + 0432 的质量。首先,我们写出中子星质量下限对应的中心能量密度 $\varepsilon_{cNS,1}$、质量上限对应的中心能量密度 $\varepsilon_{cNS,2}$、中子星最大质量对应的中心能量密度 $\varepsilon_{cNS,max}$ 和前身中子星最大质量对应的中心能量密度 $\varepsilon_{cPNS,max}$。其次,我们就可以计算出前身中子星质量下限对应的中心能量密度 $\varepsilon_{cPNS,1}$ 和质量上限对应的中心能量密度 $\varepsilon_{cPNS,2}$。再次,我们就可以计算出前身中子星的质量下限 $M_{PNS,1}$ 和质量上限 $M_{PNS,2}$。这样,我们就可以计算出前身中子星 PSR J0348 + 0432 的质量 M_{PNS} 为 1.9993 ~ 2.0740 $M_\odot$。利用它我们研究了前身中子星 PSR J0348 + 0432 的转动惯量。

计算表明,前身中子星 PSR J0348 + 0432 的半径 R_{PNS} 为 14.467 ~ 15.623 km,而中子星 PSR J0348 + 0432 的半径 R_{NS} 则为 12.964 ~ 12.364 km。我们也看到,前身中子星 PSR J0348 + 0432 的转动惯量 I_{PNS} 为 1.9913×10^{45} ~ 2.2599×10^{45} g·cm², 而中子星 NS PSR J0348 + 0432 的转动惯量则为 $I_{NS} = 1.6610 \times 10^{45}$ ~ 1.9195×10^{45} g·cm²。

8.4 计算前身中子星质量的第四种方法

8.4.1 引言

前身中子星诞生于超新星爆发后的核心区域。刚刚形成的前身中子星具有极高的温度,包含大量的轻子并且具有极高的转速[6]。

前身中子星通过中微子辐射放出能量使自己冷却下来从而形成中子星。这一过程需要几十秒钟。例如,对于质量为 1.4 $M_\odot$ 的前身中子星在 20 秒内温度将由 30 MeV 减小到 5 MeV[1]。由于大量中微子辐射,中子星质量必然要比相应的前身中子星质量小些[2]。因此,在研究前身中子星时,以相应的中子星的质量代替它是不合适的。

前身中子星的寿命很短以至于观测它很困难。观测前身中子星所对应的中子星则较为容易些。因此,如何利用中子星的观测质量来计算相应的前身中子星质量就成为一件很有意义的事情了。

中子星 PSR 中子星 PSR J0348 + 0432[8]具有质量$(2.01 \pm 0.04) M_\odot$,

它几乎是迄今精确观测质量最大的中子星。这些大质量中子星的发现唤起了人们研究它们的极大热情,并陆续开展了大量的理论研究工作[13,29]。

近些年的研究表明,超子 Σ 具有正的势阱深度[18-21],这将抑制中子星内部 Σ 超子的产生。那么,在大质量前身中子星 PSR J0348+0432 内部也是如此吗?

有限温度中子星物质的物态方程[10-11]与零温中子星物质的物态方程[9,12]是不同的。因此,温度或许会对前身中子星 PSR J0348+0432 的物态方程产生影响,进而影响到星体内部的粒子分部。

相对论平均场理论是一个能够较好地描述中子星物质的方法[30]。本节中,我们利用相对论平均场理论给出了由中子星观测质量计算其前身中子星质量的第四种方法,并计算研究了温度对前身中子星 PSR J0348+0432 内部重子分布的影响。

8.4.2 计算理论和参数

中子星/前身中子星物质的计算理论见第 8.1.2 节,核子耦合参数取 GL85(见第 2.2.2 节),超子耦合参数根据文献[13]选取为($x_{\sigma\Lambda}$ = 0.8, $x_{\omega\Lambda}$ = 0.9319; $x_{\sigma\Sigma}$ = 0.4, $x_{\omega\Sigma}$ = 0.8250; $x_{\sigma\Xi}$ = 0.8383, $x_{\omega\Xi}$ = 0.999),接下来我们用该组超子耦合参数来描述中子星/前身中子星 PSR J0348+0432。

前身中子星 PSR J0348+0432 的温度分别取 5MeV,10MeV,15MeV,20MeV,25MeV,30 MeV[1]。作为对比,我们还计算了中子星 PSR J0348+0432(T = 0 MeV)的相关性质。

8.4.3 计算前身中子星的第四种方法

下面给出由中子星观测质量确定相应的前身中子星质量的第四种方法(记为方法 4)。

中子星 PSR J0348+0432 的观测质量 M_{NS} 为 1.97~2.05 $M_\odot$,我们可以按照如下步骤由中子星的观测质量确定前身中子星 PSR J0348+0432 的质量。

(1) 由中子星 PSR J0348+0432 的中心重子数密度 ρ_{cNS} 来确定前身中子星 PSR J0348+0432 的中心重子数密度 ρ_{cPNS}。

8 大质量前身中子星研究

对于零温中子星($T = 0$ MeV),能量密度 ε、压强 p 和重子数密度 ρ_{NS} 满足线性关系

$$\begin{cases} \varepsilon = k_1 \rho_{NS} + b_1 \\ p = k_2 \rho_{NS} + b_2 \end{cases} \quad (8-18)$$

自由中子气体的能量密度和压强满足

$$\varepsilon = \frac{1}{3}p \quad (8-19)$$

我们假定中子星物质也近似满足

$$\varepsilon = k_3 p \quad (8-20)$$

此处,k_1,k_2 和 k_3 分别为常数。

由式(8-18)和式(8-20),我们得到

$$\rho_{NS} = \frac{b_2 k_3 - b_1}{k_1 - k_2 k_3} = K_{NS} \quad (8-21)$$

此处,K_{NS} 也是一个常数。

类似地,对于相应的前身中子星我们也有

$$\rho_{PNS} = \frac{b_2 k_3 - b_1}{k_1 - k_2 k_3} = K_{PNS} \quad (8-22)$$

其中,K_{PNS} 也是一个常数。

这样,由式(8-21)和式(8-22)我们得到

$$\rho_{PNS} = k\rho_{NS} \quad (8-23)$$

其中,k 是一个常数。此式表明,前身中子星的中心重子数密度 ρ_{PNS} 是相应的中子星中心重子数密度 ρ_{NS} 的 k 倍。

我们假设 $\rho_{cNS,max}$ 和 $\rho_{cPNS,max}$ 分别表示相应于中子星和前身中子星最大质量的中心重子数密度。我们也假设 ρ_{cNS} 和 ρ_{cPNS} 分别表示某一中子星和前身中子星对应的中心重子数密度。那么,我们有

$$\frac{\rho_{cPNS}}{\rho_{cNS}} = \frac{\rho_{cPNS,max}}{\rho_{cNS,max}} \Rightarrow \rho_{cPNS} = \frac{\rho_{cPNS,max}}{\rho_{cNS,max}} \rho_{cNS} \quad (8-24)$$

由此我们知道,如果已知 $\rho_{cNS,max}$,$\rho_{cPNS,max}$ 和 ρ_{cNS},则可以算出 ρ_{cPNS}。

图8-15给出了中子星/前身中子星的质量与中心能量密度的关系。图中 A 点($\rho_{cNS,1}$,$M_{NS,1}$)和 B 点($\rho_{cNS,2}$,$M_{NS,2}$)分别表示中子

星 PSR J0348+0432 的质量下限和质量上限。类似地，C 点（$\rho_{cPNS,1}$，$M_{PNS,1}$）和 D 点（$\rho_{cPNS,2}$，$M_{PNS,2}$）分别表示由同一物态方程计算出来的相应前身中子星的质量下限和质量上限。根据上面的分析，如果我们知道了中子星最大质量对应的中心重子数密度 $\rho_{cNS,max}$、前身中子星最大质量对应的中心重子数密度 $\rho_{cPNS,max}$ 和中子星质量下限对应的中心重子数密度 $\rho_{cNS,1}$（点 A），则我们可以确定前身中子星质量下限对应的中心重子数密度 $\rho_{cPNS,1}$（点 C）。对于前身中子星质量上限对应的中心重子数密度 $\rho_{cPNS,2}$（点 D），计算方法也一样。

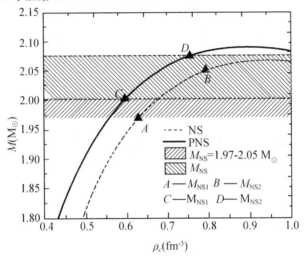

图 8-15 中子星/前身中子星的质量与中心能量密度的关系

相应于中子星 PSR J0348+0432 的中心重子数密度范围 0.627～0.791 fm^{-3}，计算的各种温度下对应的前身中子星中心重子数密度 ρ_{cPNS} 范围列于表 8-5。

表 8-5 相应于中子星 **PSR J0348+0432** 中心重子数密度范围的各种温度下对应的前身中子星中心重子数密度范围

T (MeV)	$M_{NS,max}$ ($M_\odot$)	$\rho_{cNS,max}$ (fm^{-3})	ρ_{cNS} (fm^{-3})
0	2.066	0.939	0.627～0.791
5	2.071	0.936	0.625～0.788

续表 8-5

T (MeV)	$M_{NS,max}$ ($M_\odot$)	$\rho_{cNS,max}$ (fm^{-3})	ρ_{cNS} (fm^{-3})
10	2.073	0.931	0.621~0.784
15	2.077	0.923	0.616~0.777
20	2.082	0.910	0.608~0.767
25	2.090	0.894	0.596~0.753
30	2.101	0.869	0.580~0.732

(2) 由前身中子星 PSR J0348+0432 的中心重子数密度 ρ_{cPNS} 计算出其中心能量密度 ε_{cPNS}。

为了研究前身中子星中心能量密度 ε_{cPNS} 与中心重子数密度 ρ_{cPNS} 的拟合关系,我们定义调整多重相关系数 R_{adj}^2 为

$$R_{adj}^2 = 1 - \frac{SSE/(n-p)}{SST/(n-1)} = 1 - \frac{\sum(y_i - \hat{y}_i)^2/(n-p)}{\sum(y_i - \bar{y}_i)^2/(n-1)} \quad (8-25)$$

其中,y_i 表示实验值,$\hat{y}_i$ 为回归线预测的值,$\bar{y}$ 表示平均值。另外,n 表示观测总数,p 为回归方程中的项目总数(包括常数项),$SSE = \sum(y_i - \hat{y}_i)^2$ 表示误差平方和,$SST = \sum(y_i - \bar{y}_i)^2$ 表示总平方和。调整多重相关系数 R_{adj}^2 表示拟合程度,越接近于 1,拟合程度越好。

我们发现,前身中子星中心能量密度 ε_{cPNS} 和中心重子数密度 ρ_{cPNS} 很好地满足多项式拟合(见图 8-16 和表 8-6)

$$\varepsilon_{cPNS} = I + B_1 \times \rho_{cPNS} + B_2 \times \rho_{cPNS}^2 \quad (8-26)$$

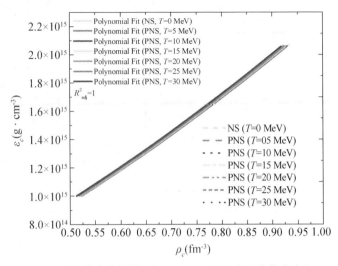

图 8-16　前身中子星 PSR J0348 + 0432 中心能量密度和中心重子数密度间的多项式拟合关系

表 8-6　前身中子星 PSR J0348 + 0432 中心能量密度和中心重子数密度间的多项式拟合参数

T (MeV)	I (10^{13})	B_1 (10^{15})	B_2 (10^{14})	R^2_{adj}
5	2.32879	1.46389	7.81130	1
10	2.35793	1.46768	7.80194	1
15	2.42222	1.47328	7.79136	1
20	2.50751	1.48095	7.77702	1
25	2.62934	1.49023	7.76043	1
30	2.80948	1.50041	7.74553	1

本工作计算的前身中子星 PSR J0348 + 0432 的中心能量密度和质量列于表 8-7。

8 大质量前身中子星研究

表8-7 本工作计算的前身中子星PSR J0348+0432中心能量密度和质量

T (MeV)	ε_{cNS} ($\times 10^{15}$ g·cm^{-3})	M_{NS} (M$_\odot$)
0	1.247 ~ 1.668	1.97 ~ 2.05
5	1.243 ~ 1.662	1.975 ~ 2.055
10	1.236 ~ 1.653	1.977 ~ 2.056
15	1.227 ~ 1.639	1.982 ~ 2.060
20	1.212 ~ 1.617	1.990 ~ 2.066
25	1.191 ~ 1.587	2.002 ~ 2.074
30	1.159 ~ 1.541	2.019 ~ 2.087

(3) 由前身中子星PSR J0348+0432的中心能量密度确定其质量范围。

图8-17表示前身中子星的质量和中心能量密度满足Boltzmann拟合关系

$$M_{\text{PNS}} = A_2 + \frac{A_1 - A_2}{1 + e^{\frac{\varepsilon_{cPNS} - x_0}{dx}}} \qquad (8-27)$$

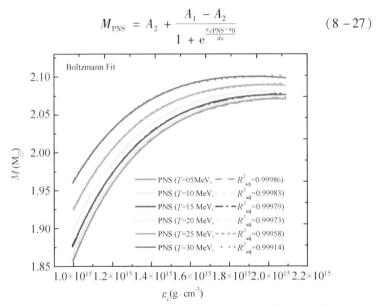

8-17 前身中子星PSR J0348+0432质量和中心能量密度间的 **Boltzmann** 拟合关系

前身中子星 PSR J0348 +0432 质量和中心能量密度间的 Boltzmann 拟合参数见表 8 - 8。

表 8 - 8　前身中子星 PSR J0348 +0432 质量和中心能量密度间的 Boltzmann 拟合参数

T (MeV)	A_1	A_2	x_0 (10^{14})	dx (10^{14})	R_{adj}^2
5	1.24847	2.07802	7.26807	2.64780	0.99986
10	1.29871	2.07980	7.40890	2.62267	0.99983
15	1.38963	2.08268	7.73445	2.55222	0.99979
20	1.51750	2.08706	8.26370	2.43320	0.99973
25	1.65745	2.09355	8.91339	2.26178	0.99958
30	1.79776	2.10304	9.64270	2.01727	0.99914

本工作计算的前身中子星 PSR J0348 +0432 的质量范围见表 8 - 7，温度对前身中子星质量的影响示于图 8 - 8。由图可见，前身中子星 PSR J0348 +0432 的质量随着温度 T 的升高而增大。

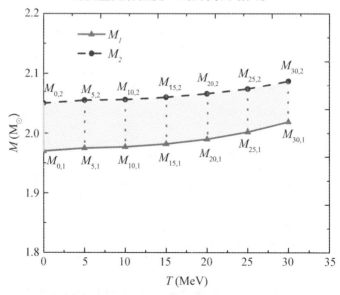

图 8 - 18　前身中子星 PSR J0348 +0432 的质量与温度的关系

接下来,我们将利用上述得到的前身中子星 PSR J0348 + 0432 的质量来研究温度对中子星内部重子相对分数的影响。

8.4.4 温度对前身中子星 PSR J0348 + 0432 重子的相对粒子数密度的影响

(1) 核子 n 和 p 的相对粒子数密度。

前身中子星 PSR J0348 + 0432 内部中子 n、质子 p 和超子 Λ 的相对粒子数密度与重子数密度的关系示于图 8 - 19(也可见于表 8 - 9)。可见,中子的相对粒子数密度 ρ_n/ρ 随着温度 T 的升高而减少,重子数密度越小,中子的相对粒子数密度减小得越多。对于中子的中心粒子数密度,当温度 T 由 5 MeV 升高到 30 MeV 时,$\rho_{c,n}/\rho$ 由 55.7% ~ 65.9% 减小到 56.4% ~ 64.0%,即减小了大约 2%。

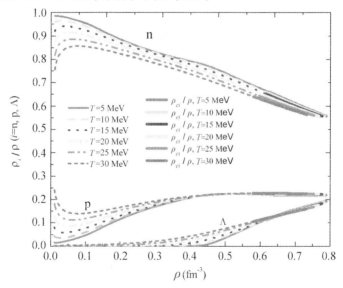

图 8 - 19 前身中子星 PSR J0348 + 0432 内部中子 n、质子 p 和超子 Λ 的相对粒子数密度与重子数密度的关系

注:粗线部分表示前身中子星的中心相对粒子数密度。

表 8-9 前身中子星 PSR J0348+0432 内部中子 n、质子 p 和超子 Λ 的相对粒子数密度

T (MeV)	$\rho_{c,n}/\rho$ (%)	$\rho_{c,p}/\rho$ (%)	$\rho_{c,\Lambda}/\rho$ (%)
0	55.1~65.9	21.9~22.1	12.2~19.1
5	55.7~65.9	22.0~22.1	11.8~19.2
10	55.6~65.6	22.1~22.3	11.4~18.9
15	55.6~65.1	22.3~22.5	11.2~18.3
20	55.7~64.6	22.3~22.6	11.0~17.6
25	56.0~64.3	22.4~22.7	10.8~16.8
30	56.4~64.0	22.4~22.7	10.5~15.9

质子的相对粒子数密度 ρ_p/ρ 随着温度的升高而增大。当温度 T 由 5 MeV 升高到 30 MeV,质子的中心相对粒子数密度 $\rho_{c,p}/\rho$ 由 22.0%~22.1% 增大到 22.4%~22.7%,即增大不超过 1%。

(2) 超子 Λ 的相对粒子数密度。

图 8-19 给出了前身中子星 PSR J0348+0432 内部超子 Λ 的相对粒子数密度与重子数密度的关系(也可见于表 8-9)。当重子数密度较低时,超子 Λ 的相对粒子数密度 ρ_Λ/ρ 随着温度的升高而增大。但是,当重子数密度接近中心重子数密度时,超子 Λ 的中心相对粒子数密度 $\rho_{c,\Lambda}/\rho$ 随着温度的升高而减小。当温度 T 由 5 MeV 升高到 30 MeV 时,超子 Λ 的中心相对粒子数密度 $\rho_{c,\Lambda}/\rho$ 由 11.8%~19.2% 减小到 10.5%~15.9%,即减小了 1%~3%。

(3) 超子 Σ^-,Σ^0 和 Σ^+ 的相对粒子数密度。

前身中子星 PSR J0348+0432 内部超子 Σ^-,Σ^0 和 Σ^+ 的相对粒子数密度与重子数密度的关系示于图 8-20(也可见于表 8-10)。

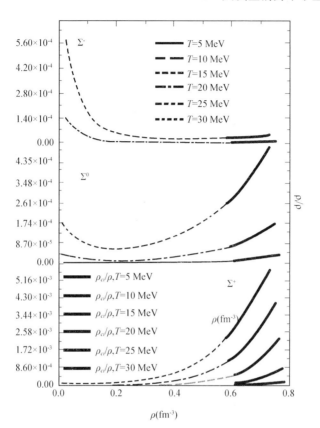

图 8-20 前身中子星 PSR J0348+0432 内部超子 Σ^-、Σ^0 和 Σ^+ 的相对粒子数密度与重子数密度的关系

注:粗线表示前身中子星内部中心相对粒子数密度。

表 8-10 前身中子星 PSR J0348+0432 内部超子 Σ^-、Σ^0 和 Σ^+ 的中心相对粒子数密度

T (MeV)	$\rho_{c,\Sigma^-}/\rho$ (%)	$\rho_{c,\Sigma^0}/\rho$ (%)	$\rho_{c,\Sigma^+}/\rho$ (%)
0	0~0	0~0	0~0
5	0~0	0~0	$0 \sim 3.4e^{-5}$
10	0~0	$2e^{-5} \sim 0$	$3.3e^{-4} \sim 0.01$
15	$0 \sim 1e-6$	$5.7e^{-5} \sim 2.7e^{-4}$	$9.1e^{-3} \sim 0.1$

续表 8-10

T (MeV)	$\rho_{c,\Sigma^-}/\rho$ (%)	$\rho_{c,\Sigma^0}/\rho$ (%)	$\rho_{c,\Sigma^+}/\rho$ (%)
20	$2.9e^{-5} \sim 5.7e^{-5}$	$1.2e^{-3} \sim 3.6e^{-3}$	$0.05 \sim 0.2$
25	$4.4e^{-4} \sim 7.5e^{-4}$	$7.5e^{-3} \sim 0.02$	$0.1 \sim 0.4$
30	$2.9e^{-3} \sim 4.4e^{-3}$	$0.03 \sim 0.05$	$0.2 \sim 0.6$

我们看到,在零温中子星 PSR J0348+0432 内部没有超子 Σ 出现。原因是本工作中取的正超子势阱深度 $U_\Sigma^{(N)}$ 将抑制超子 Σ 的产生。

由图 8-20 和表 8-10 我们看到,随着前身中子星温度 T 的升高,超子 Σ 将会产生。当前身中子星温度 T 为 5 MeV 时,超子 Σ^+ 产生了,尽管其中心相对粒子数密度非常小($\rho_{c,\Sigma^+}/\rho = 0\% \sim 0.000034\%$)。当前身中子星温度 $T = 10$ MeV 时,超子 Σ^0 产生了,其中心相对粒子数密度也是很低($\rho_{c,\Sigma^0}/\rho = 0\% \sim 0.00002\%$)的。超子 Σ^- 当前身中子星温度为 T 为 15 MeV 时将会产生,此时其中心相对粒子数密度 $\rho_{c,\Sigma^-}/\rho$ 也是很小($\rho_{c,\Sigma^-}/\rho = 0\% \sim 0.000001\%$)。

当前身中子星的温度超过上述温度值时,产生的超子 Σ 相对数密度将会增大。当温度 T 升高到 30 MeV 时,超子 Σ^+,Σ^0 和 Σ^- 的中心相对粒子数密度将分别增加到:$\rho_{c,\Sigma^+}/\rho = 0.2\% \sim 0.6\%$、$\rho_{c,\Sigma^0}/\rho = 0.03\% \sim 0.05\%$ 和 $\rho_{c,\Sigma^-}/\rho = 0.0029\% \sim 0.0044\%$。

(4)Ξ^- 和 Ξ^0 的相对粒子数密度。

前身中子星 PSR J0348+0432 内部超子 Ξ^- 和 Ξ^0 的相对粒子数密度与重子数密度的关系示于图 8-21(也可见于表 8-11)。

8 大质量前身中子星研究

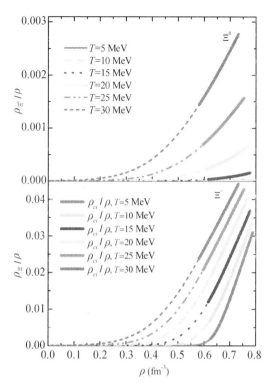

图 8-21 前身中子星 PSR J0348+0432 内部超子 Ξ^- 和 Ξ^0 的相对粒子数密度与重子数密度的关系

注:粗线表示前身中子星中心相对粒子数密度。

表 8-11 前身中子星 PSR J0348+0432 内部超子 Ξ^- 和 Ξ^0 的中心相对粒子数密度

T (MeV)	$\rho_{c,\Xi^-}/\rho$ (%)	$\rho_{c,\Xi^0}/\rho$ (%)
0	0.01~3.7	0~0
5	0.2~3.1	0~0
10	0.7~3.4	$8.7e^{-5}$~$9.2e^{-4}$
15	1.2~3.7	$3.5e^{-3}$~0.02
20	1.7~4.0	0.02~0.1
25	2.1~4.3	0.07~0.2
30	2.4~4.4	0.1~0.3

我们看到，超子 Ξ^- 的相对粒子数密度 ρ_{Ξ^-}/ρ 随着温度的升高而增大，当前身中子星温度由 5 MeV 升高到 30 MeV 时，它将由 0.2%～3.1% 增加到 2.4%～4.4%，即增大了大约 2%。

对于零温中子星 PSR J0348+0432 来说，超子 Ξ^0 不会出现。但是，当前身中子星的温度 T 升高到 10 MeV 的超子 Ξ^0 将会产生，尽管其中心相对粒子数密度 $\rho_{c,\Xi^0}/\rho$ 很小（$\rho_{c,\Xi^0}/\rho = 0.000087\%$～$0.00092\%$）。当温度 T 增加到 30 MeV 时，其中心相对粒子数密度 $\rho_{c,\Xi^0}/\rho$ 增加到 0.1%～0.3%。

8.4.5 小结

本节中，我们利用相对论平均场理论给出了由中子星观测质量确定相应的前身中子星质量的第四种方法，并计算研究了温度对前身中子星 PSR J0348+0432 内部重子相对粒子数密度的影响。

我们发现，零温中子星中心重子数密度 ρ_{cNS} 与前身中子星的中心重子数密度 ρ_{cPNS} 之间满足正比例关系。对于前身中子星，中心能量密度 ε_{cPNS} 和中心重子数密度 ρ_{cPNS} 满足多项式拟合关系，而前身中子星质量 M_{PNS} 和中心能量密度 ε_{cPNS} 满足 Boltzmann 拟合关系。根据上述关系，我们可以由中子星 PSR J0348+0432 的观测质量来确定前身中子星 PSR J0348+0432 的质量。

本工作中，我们计算了六个温度点，即 5MeV，10MeV，15MeV，20MeV，25MeV，30MeV。我们看到，我们计算的前身中子星 PSR J0348+0432 的质量范围随着温度的升高而增大，这显然将影响到前身中子星内部重子的相对粒子数密度。

前身中子星内部中子的相对粒子数密度随着温度的升高而减小。在前身中子星的中心，随着温度由 5 MeV 升高到 30 MeV，它减小了大约 2%。随着温度的升高，质子的相对粒子数密度将增大；随着前身中子星温度由 5 MeV 升高到 30 MeV，质子的中心相对粒子数密度增大了不过 1%。

对于超子 Λ 和 Ξ^-，在重子数密度较小时，随着前身中子星温度的升高其相对粒子数密度将增大。但是，在前身中子星中心，情况较复杂：超子 Ξ^- 的相对粒子数密度将增大大约 2%，而超子 Λ 的相对粒子数密度将减小 1%~3%。

在中子星 PSR J0348+0432 内部,超子 Σ^-、Σ^0、Σ^+ 和 Ξ^0 均不出现。但是,在前身中子星 PSR J0348+0432 内部,随着温度的升高它们将相继产生。

温度效应极大地改变了前身中子星 PSR J0348+0432 内部重子的相对粒子数密度。

8.5 计算前身中子星质量(第四种方法)——温度对前身中子星 PSR J0348+0432 引力红移的影响

8.5.1 引言

对于中子星或者前身中子星而言,质量是一个非常重要的物理量,它将影响星体物质的状态方程,进而影响星体的其他性质,诸如费米动量、重子数密度、能量密度、压强和半径等[9-12]。

中子星的引力红移 z 一般在 0.25~0.35 之间[32],它密切联系于中子星质量与半径的比值 M/R。因此,研究中子星的引力红移将帮助我们了解关于中子星质量的很多信息。

前身中子星诞生于超新星爆发的核心。一颗新生成的前身中子星具有很高的温度,含有大量的轻子并且具有很高的转速[6]。通过中微子辐射,前身中子星冷却下来形成中子星。这一过程将需要几十秒钟(一颗具有质量 1.4 $M_\odot$ 的前身中子星在 20 s 之内温度由 30 MeV 降低到 5 MeV)[1]。由于中微子的损失,中子星质量将比相应的前身中子星质量小些[2]。

由于前身中子星质量比相应的中子星质量大,则前身中子星质量必将比中子星质量对物态方程的约束更强。因此,研究大质量前身中子星的引力红移是有意义的。

但是,前身中子星的寿命太短,它是不容易观测的。那么,在理论上研究大质量前身中子星引力红移将变得尤为必要。

本节中,我们利用确定前身中子星质量的第四种方法来获得前身中子星 PSR J0348+0432 的质量,并计算研究温度效应对大质量前身中子星 PSR J0348+0432 引力红移的影响。

8.5.2 计算理论、计算参数和前身中子星 PSR J0348+0432 的质量

计算理论和计算参数见第 8.4.2 节。

中子星/前身中子星质量与半径的关系示于图 8-22。

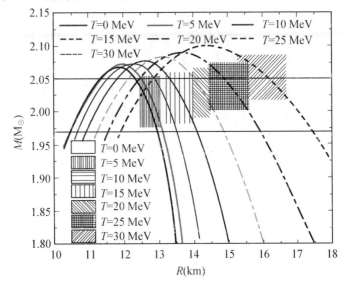

图 8-22 中子星/前身中子星质量与半径的关系

本工作计算的前身中子星 PSR J0348+0432 的中心能量密度 ε_{cPNS} 列于表 8-12。

表 8-12 本工作计算的前身中子星 PSR J0348+0432 的
中心能量密度、质量、半径和表面引力红移

T (MeV)	ε_{cNS} ($\times 10^{15}$ g·cm^{-3})	M_{NS} (M$_\odot$)	R_{NS} (km)	z_{NS}
0	1.247~1.668	1.97~2.05	12.364~12.964	0.347~0.400
5	1.243~1.662	1.975~2.055	12.459~13.079	0.344~0.397
10	1.236~1.653	1.977~2.056	12.794~13.480	0.328~0.380
15	1.227~1.639	1.982~2.060	13.226~14.030	0.310~0.361
20	1.212~1.617	1.990~2.066	13.770~14.726	0.290~0.340
25	1.191~1.587	2.002~2.074	14.467~15.590	0.269~0.317
30	1.159~1.541	2.019~2.087	15.293~16.678	0.248~0.294

本工作计算的前身中子星 PSR J0348+0432 质量范围见表 8-12，前身中子星最大质量和相应半径的关系如图 8-23 所示。由图可见，前身中子星 PSR J0348+0432 的质量和半径均随着温度 T 的升高而增大。

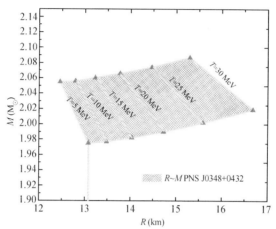

图 8-23　本工作计算的前身中子星 PSR J0348+0432 最大质量和相应半径的关系

接下来，我们将研究前身中子星 PSR J0348+0432 的表面引力红移。

8.5.3　温度对前身中子星 PSR J0348+0432 表面引力红移的影响

前身中子星 PSR J0348+0432 质量和半径的关系示于图 8-22（也可见于表 8-12 和图 8-23）。我们看到，随着温度 T 由 5 MeV 增大到 30 MeV，前身中子星的最大质量由 1.975~2.055 $M_\odot$ 增大到 2.019~2.087 $M_\odot$，即增大了约 2%。我们还可以看到，随着温度 T 由 5 MeV 增大到 30 MeV，前身中子星最大质量对应的半径由 12.459~13.079 km 增大到 15.293~16.678 km，即增大了 22%~27%。

中子星/前身中子星 PSR J0348+0432 表面引力红移与质量的关系由图 8-24 给出（也可见表 8-12 和图 8-25）。我们看到，随着温度的升高前身中子星的表面引力红移 z 减少。随着温度 T 由 5 MeV 升高到 30 MeV，前身中子星 PSR J0348+0432 的表面引力红移由 0.344~0.397 减小到 0.248~0.294，即减小了 26%~28%。

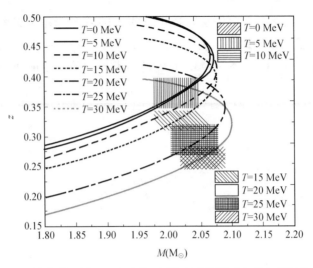

图 8-24 前身中子星 PSR J0348+0432 的表面引力红移与质量的关系

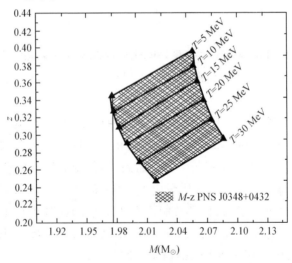

图 8-25 本工作计算的前身中子星 PSR J0348+0432 质量的最大值与表面引力红移的关系

8.5.4 小结

本节中,我们利用获得前身中子星质量的第四种方法计算了前身中子星 PSR J0348+0432 的质量,并利用相对论平均场理论计算研究了温度效应对前身中子星 PSR J0348+0432 表面引力红移的影响。我们首先由中子星 PSR J0348+0432 的观测质量确定了其中心重子数密度。然后,通过一个多项式拟合方程计算了前身中子星的中心能量密度。最后,我们通过 Boltzmann 拟合关系计算了前身中子星 PSR J0348+0432 的质量。这样,我们就由中子星 PSR J0348+0432 的观测质量确定了前身中子星 PSR J0348+0432 的质量。

我们看到,前身中子星 PSR J0348+0432 的质量和半径随着温度的升高而增大。当温度由 5 MeV 升高到 30 MeV 时,前身中子星 PSR J0348+0432 的质量由 1.975~2.055 $M_\odot$ 增大到 2.019~2.087 $M_\odot$,即增大了大约 2%;半径由 12.459~13.079 km 增大到 15.293~16.678 km,即增大了 22%~27%。

我们也看到前身中子星的表面引力红移随着温度的升高而减小。随着温度由 5 MeV 升高到 30 MeV,前身中子星 PSR J0348+0432 的表面引力红移由 0.344~0.397 减小到 0.248~0.294,即减小了 26%~28%。

温度效应极大影响了前身中子星 PSR J0348+0432 的质量、半径和表面引力红移。

8.6 四种计算前身中子星质量方法的比较

8.6.1 引言

在前面几节中,我们给出了四种根据中子星观测质量计算其前身中子星质量的方法。这几种方法分别考虑了前身中子星质量与中心能量密度的不同依赖关系。那么,这些不同的质量与中心能量密度的依赖关系对计算所得的前身中子星质量必然要产生影响。

本节将分别比较这四种方法计算的前身中子星的质量、半径、中心重子数密度、介子势场强度、中子和电子的化学势、中心能量密度、转动惯量和表面引力红移,研究它们之间的区别,从而鉴别出计算前身中子星质量的最优方法。

8.6.2 方法比较

利用本章给出的四种方法计算的前身中子星 PSR J0348+0432 的质量、半径和中心重子数密度的计算结果示于表 8-13 和图 8-26。可见，这四种方法计算的前身中子星 PSR J0348+0432 的质量均大于中子星 PSR J0348+0432 的质量。方法 3 和方法 4 计算的前身中子星的质量比较接近，都大于方法 1 和方法 2 计算的质量。

表 8-13　四种计算方法计算的前身中子星 PSR J0348+0432 的质量、半径和中心重子数密度

	T (MeV)	M ($M_\odot$)	R (km)	ρ_c (fm^{-3})
NS	0	1.97~2.05	12.364~12.964	0.6265~0.7919
PNS,方法 1	25	1.9924~2.0733	14.485~15.708	0.5845~0.7468
PNS,方法 2	25	1.9966~2.0755	14.421~15.656	0.5884~0.7571
PNS,方法 3	25	1.9993~2.074	14.467~15.623	0.5922~0.7497
PNS,方法 4	25	2.002~2.074	14.467~15.59	0.596~0.753

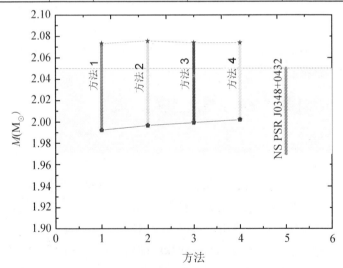

图 8-26　四种方法计算的前身中子星 PSR J0348+0432 的质量

图 8-27 给出了四种方法计算的前身中子星 PSR J0348+0432 的半径。由图可见，这四种方法计算的前身中子星的半径均大于相应的中子星半径。同样的，方法 3 和方法 4 计算的半径较接近。

8 大质量前身中子星研究

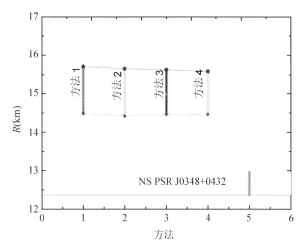

图 8-27 四种方法计算的前身中子星 PSR J0348+0432 的半径

图 8-28 给出了四种方法计算的前身中子星 PSR J0348+0432 的中心重子数密度。由图可见,这四种方法计算的前身中子星的中心重子数密度较中子星的中心重子数密度小。同样的,方法 3 和方法 4 计算的半径较接近,而方法 1 和方法 2 计算的中心重子数密度波动较大些。

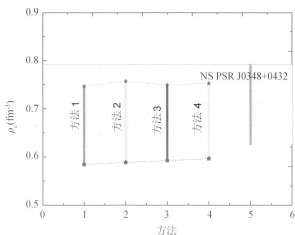

图 8-28 四种方法计算的前身中子星 PSR J0348+0432 的中心重子数密度

四种方法计算的介子 σ 的中心势场强度示于图 8-29。可见,这四种方法计算的前身中子星的介子 σ 的中心势场强度较中子星的略小些。方法3和方法4计算的 σ 介子中心势场强较接近,而方法1和方法2计算的波动较大些。

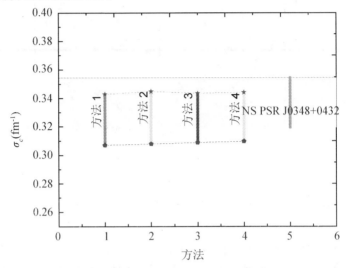

图8-29 四种方法计算的前身中子星 PSR J0348+0432 的中心 σ 介子势场强度

表8-14 四种计算方法计算的前身中子星 PSR J0348+0432 中心介子势场强度

	T (MeV)	σ_c (fm^{-1})	ω_c (fm^{-1})	ρ_c (fm^{-1})
NS	0	0.3194 ~ 0.3544	0.3631 ~ 0.4564	0.0880 ~ 0.0926
PNS,方法1	25	0.3071 ~ 0.3429	0.3391 ~ 0.4309	0.0815 ~ 0.0866
PNS,方法2	25	0.3079 ~ 0.3448	0.3408 ~ 0.4365	0.0817 ~ 0.0868
PNS,方法3	25	0.3088 ~ 0.3435	0.3431 ~ 0.4326	0.0818 ~ 0.0866
PNS,方法4	25	0.3098 ~ 0.3441	0.3454 ~ 0.4343	0.0820 ~ 0.0867

利用上几节得到的四种计算前身中子星质量的方法计算的介子 ω 的中心势场强度示于图8-30。可见,这四种方法计算的前身中子星的介子 ω 的中心势场强度较中子星的略小些。方法3和方法4计算的 ω 介子中心势场强较接近,而方法1和方法2计算的波动较大些。

8 大质量前身中子星研究

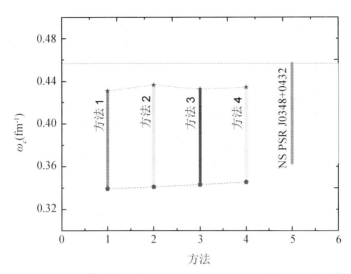

图 8-30 四种方法计算的前身中子星 PSR J0348+0432 的中心 ω 介子势场强度

图 8-31 给出了四种计算前身中子星质量的方法计算的 ρ 介子中心势场强度。可见,这四种方法计算的前身中子星的介子 ρ 的中心势场强度较中子星的略小些。方法1、方法2、方法3和方法4计算的 ω 介子中心势场强均比较接近。

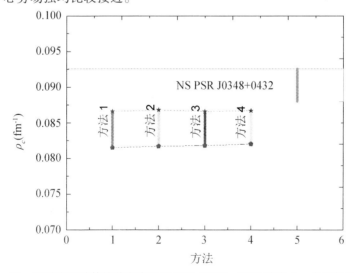

图 8-31 四种方法计算的前身中子星 PSR J0348+0432 的中心 ρ 介子势场强度

图 8-32 给出了四种方法计算的中子中心化学势。可见,这四种

方法计算的前身中子星的中子中心化学势比中子星内的要略小些。方法 3 和方法 4 计算的 ω 介子中心势场强均比较接近,而方法 1 和方法 2 计算的波动大些。

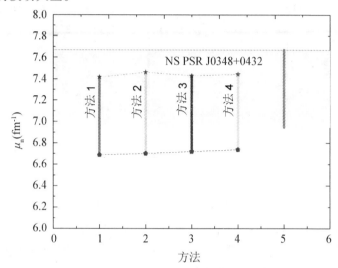

图 8-32 四种方法计算的前身中子星 PSR J0348+0432 的中心中子化学势

表 8-15 四种计算方法计算的前身中子星 PSR J0348+0432 中心中子、电子化学势

	T (MeV)	μ_n (fm^{-1})	μ_e (fm^{-1})
NS	0	6.9456 ~ 7.6693	1.3217 ~ 1.3454
PNS,方法 1	25	6.6893 ~ 7.4167	1.2304 ~ 1.2842
PNS,方法 2	25	6.7027 ~ 7.4619	1.2319 ~ 1.2861
PNS,方法 3	25	6.7206 ~ 7.4302	1.2338 ~ 1.2848
PNS,方法 4	25	6.7384 ~ 7.4438	1.2357 ~ 1.2853

图 8-33 给出了四种方法计算的电子中心化学势。可见,这四种方法计算的前身中子星的电子中心化学势比中子星内的要小得多。方法 3 和方法 4 计算的电子中心化学势比较接近,而方法 1 和方法 2 计算的波动大些。

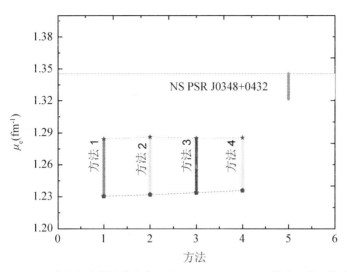

图 8-33 四种方法计算的前身中子星 PSR J0348+0432 的中心电子化学势

图 8-34 给出了四种方法计算的前身中子星和中子星的中心能量密度(也可见表 8-16)。可见,这四种方法计算的前身中子星的中心能量密度比中子星内的要略小些。方法 3 和方法 4 计算的中心能量密度比较接近,而方法 1 和方法 2 计算的波动大些。

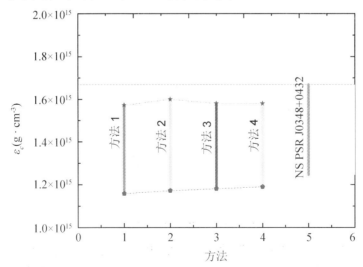

图 8-34 四种方法计算的前身中子星 PSR J0348+0432 的中心能量密度

表 8-16 四种计算方法计算的前身中子星 PSR J0348+0432 的中心能量密度、转动惯量和表面引力红移

	T (MeV)	ε_c ($\times 10^{15}$ g·cm^{-3}fm^{-1})	I ($\times 10^{45}$ g·cm^2)	z (fm^{-1})
NS	0	0.3194~0.3544	0.3631~0.4564	0.0880~0.0926
PNS,方法1	25	0.3071~0.3429	0.3391~0.4309	0.0815~0.0866
PNS,方法2	25	0.3079~0.3448	0.3408~0.4365	0.0817~0.0868
PNS,方法3	25	0.3088~0.3435	0.3431~0.4326	0.0818~0.0866
PNS,方法4	25	0.3098~0.3441	0.3454~0.4343	0.0820~0.0867

图 8-35 给出了四种方法计算的前身中子星的转动惯量(也可见表 8-16)。可见,这四种方法计算的前身中子星转动惯量比中子星的要大。方法3和方法4计算的中心能量密度比较接近,而方法1和方法2计算的波动大些。

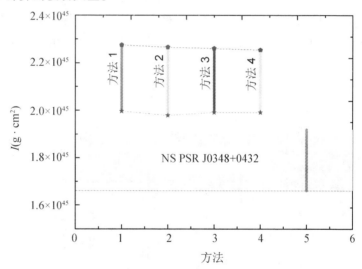

图 8-35 四种方法计算的前身中子星 PSR J0348+0432 的转动惯量

图 8-36 给出了四种方法计算的前身中子星的表面引力红移(也可见表 8-16)。可见,这四种方法计算的前身中子星表面引力红移比中子星的要小。方法3和方法4计算的中心能量密度比较接近,而方法1和方法2计算的波动大些。

8 大质量前身中子星研究

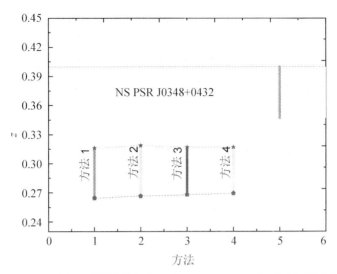

图 8-36 四种方法计算的前身中子星 PSR J0348+0432 的表面引力红移

8.6.3 小结

本节分别比较了由四种计算前身中子星质量的方法计算的前身中子星质量、半径、中心重子数密度、介子势场强度、中子和电子的化学势、中心能量密度、转动惯量和表面引力红移,发现方法3和方法4计算的值很接近且稳定,而方法1和方法2计算的值则波动较大。

方法1仅仅假定了中子星、前身中子星最大质量与其质量下限成正比而得到前身中子星的质量范围。这种假设是很粗糙的。

方法2假定了中子星、前身中子星最大质量对应的中心能量密度与其质量下限和质量上限对应的中心能量密度成正比,再利用前身中子星质量与中心能量密度满足多项式拟合关系从而得到前身中子星的质量范围。其中前一个假设是很粗糙的。

方法3也是先假定中子星、前身中子星最大质量对应的中心能量密度与其质量下限和质量上限对应的中心能量密度成正比,再利用前身中子星质量与中心能量密度满足 Boltzmann 拟合关系而得到前身中子星质量。前者的假设依然粗糙。

方法4先假设中子星、前身中子星最大质量对应的中心重子数密度与其质量下限与质量上限对应的中心重子数密度成正比,再假设相关的中心能量密度与中心重子数密度满足多项式拟合关系,进而再假定前身中子星质量与中心能量密度满足 Boltzmaan 拟合关系从而得到前身中子星质量范围。这种方法较精确,但比前三种的准确度和稳定性都高些,因而几乎是目前最佳的计算前身中子星质量的方法。

参考文献

[1] BURROWS A, LATTIMER J M. The birth of Neutron stars[J]. The Astrophysical Journal,1986(307):178-196.

[2] PRAKASH M, BOMBACI I, PRAKASH M, et al. Composition and structure of proto-neutron stars[J]. Physics Reports,1997(280):1-77.

[3] GULMINELLI F, RADUTA Ad R, OERTEL M, et al. Strangeness-driven phase transition in (proto-) neutron star matter[J]. Physical Review C,2013,87(5):055809.

[4] SAWAI H, YAMADA S, SUZUKI H. Global Simulations of Magnetorotational Instability in the Collapsed Core of a Massive star[J]. The Astrophysical Journal Letters, 2013,770(2):L19.

[5] RADUTA AD R, AYMARD F, GULMINELLI F. Clusterized nuclear matter in the (proto-) neutron star crust and the symmetry energy[J]. The European Physical Journal A,2014(50):24.

[6] CAMELIO G, GUALTIERI L, PONS J A, et al. Spin evolution of a proto-neutron star [J]. Physical Review D,2016,94(2):024008.

[7] DEMOREST P B, PENNUCCI T, RANSOM S M, et al. A two-solar-mass neutron star measured using Shapiro delay[J]. Nature,2010,467(7319):1081-1083.

[8] ANTONIADIS J, FREIRE P C C, WEX N, et al. A Massive Pulsar in a Compact Relativistic Binary[J]. Science,2013,340(6131):448.

[9] GLENDENNING N K. Compact Stars:Nuclear Physics, Particle Physics, and General Relativity[M]. New York:Springer-Verlag,1997.

[10] GLENDENNING N K. Finite temperature metastable matter[J]. Physcs Letter B, 1987(185):275-280.

[11] GLENDENNING N K. Hot metastable state of abnormal matter in relativistic nuclear field theory[J]. Nuclear Physics A,1987(469):600-616.

[12] GLENDENNING N K. Neutron stars are giant hypernuclei?[J]. The Astrophysical Journal,1985(293):470-493.

[13] ZHAO X F. Examination of the influence of the $f_0(975)$ and $\varphi(1020)$ mesons on the surface gravitational redshift of the neutron star PSR J0348 + 0432[J]. Physical Review C, 2015(92):055802.

[14] MARTINON G, MASELLI A, GUALTIERI L, et al. Rotating protoneutron star: Spin evolution, maximum mass, and I-Love-Q relations[J]. Physical Review D, 2014, 90(6):064026.

[15] ZHAO X F, JIA H Y. Mass of the neutron star PSR J1614-2230[J]. Physical Review C, 2012(85):065806.

[16] SCHAFFNER J, MISHUSTIN I N. Hyperon-rich matter in neutron stars[J]. Physical Review C, 1996(53):1416 – 1429.

[17] BATTY C J, FRIEDMAN E, GAL A. Strong interaction physics from hadronic atoms [J]. Physics Reports, 1997(287):385 – 445.

[18] KOHNO M, FUJIWARA Y, WATANABE Y, et al. Semiclassical distorted-wave model analysis of the $(\pi^-, K^+)\Sigma$ formation inclusive spectrum[J]. Physical Review C, 2006(74):064613.

[19] HARADA T, HIRABAYASHI Y. Is the Σ nucleus potential for Σ atoms consistent with the $Si^{28}(\pi, K)$ data? [J]. Nuclear Physics A, 2005, 759(1 – 2):143 – 169.

[20] HARADA T, HIRABAYASHIU Y. Σ production spectrum in the inclusive (π, K) reaction on ^{209}Bi and the Σ – nucleus potential[J]. Nuclear Physics A, 2006(767):206 – 217.

[21] FRIEDMAN E, GAL A. In-medium nuclear interactions of low-energy hadrons [J]. Physics Reports, 2007(452):89 – 153.

[22] SCHAFFNER-BIELICH J, Gal A. Properties of strange hadronic matter in bulk and in finite systems[J]. Physical Review C, 2000(62):034311.

[23] HARTLE J B. Slowly rotating relativistic stars Ⅰ. Equations of structure[J]. The Astrophysical Journal, 1967(150):1005 – 1029.

[24] HEWISH A, BELL S J, PIKINGTON J D H, et al. Observation of a rapidly pulsating radio source[J]. Nature, 1968(217):709 – 713.

[25] BEJGER M, BULIK T, HAENSEL P. Constraints on the dense matter EOS from the measurements of PSR J0737-3039A moment of inertia and PSR J0751 + 1807 mass [J]. Monthly Notices of the Royal Astronomical Society, 2005(364):635 – 639.

[26] Steiner A W, Gandolfi S, Fattoyev F J, et al. Using neutron star observations to determine crust thicknesses, moments of inertia, and tidal deformabilities[J]. Physical

Review C,2015,91(1):015804.

[27] RAITHEL C A,? ZEL F,PSALTIS D. Model-independent inference of neutron star radii from moment of inertia measurements[J]. Physical Review C, 2016, 93(3):032801.

[28] ATTA D,MUKHOPADHYAY S,BASU D N. Nuclear constraints on the core-crust transition and crustal fraction of moment of inertia of neutron stars[J]. Indian Journal of Physics,2017,91(3):235-242.

[29] ÖZEL F,PSALTIS D,RANSOM S,et al. The massive pulsar PAR J0348+0432: Linking quantum chromodynamics,gamma-ray bursts,and gravitational wave astronomy[J]. The Astrophysical Journal Supplement,2010(724):L199-L202.

[30] ZHOU S G. Multidimensionally constrained covariant density functional theories-nuclear shapes and potential energy surfaces[J]. Physica Scripta,2016(91):063008.

[31] ZHAO X F. Constraining the gravitational redshift of a neutron star from the Σ-meson well depth[J]. Astrophysics and space science,2011(332):139-144.

[32] LIANG E P. Gamma-ray burst annihilation lines and neutron star structure[J]. The Astrophysical Journal,1986(304):682-687.

[33] GLENDENNING N K,MOSZKOWSKI S A. Reconciliation of neutron-star masses and binding of the Lambda in hypernuclei[J]. Physical Review Letters,1991(67): 2414-2417.